Automatisierte Messsysteme für elektromagnetische Felder komplexer Strahlungsquellen

Vom Promotionsausschuss der
Technischen Universität Hamburg-Harburg zur
Erlangung des akademischen Grades
Doktor-Ingenieur (Dr.-Ing.)
genehmigte Dissertation

von

Dipl.-Ing. Kai Haake

aus

Hamburg

2011

Bibliografische Information der Deutschen Nationalbibliothek
Die Deutsche Nationalbibliothek verzeichnet diese Publikation in der Deutschen Nationalbibliografie; detaillierte bibliografische Daten sind im Internet über http://dnb.d-nb.de abrufbar.
1. Aufl. - Göttingen : Cuvillier, 2011
Zugl.: (TU) Hamburg-Harburg, Univ., Diss., 2011

978-3-86955-682-6

1. Gutachter: Prof. Dr.-Ing. Dr.-Ing. E.h. J. L. ter Haseborg
2. Gutachter: Prof. Dr. sc. techn. C. Schuster

Tag der mündlichen Prüfung: 1. Oktober 2010

Nonnenstieg 8, 37075 Göttingen
Telefon: 0551-54724-0
Telefax: 0551-54724-21
www.cuvillier.de

1. Auflage, 2011
Gedruckt auf säurefreiem Papier

978-3-86955-682-6

Danksagung

Diese Zeilen möchte ich nutzen, um meinen Dank denjenigen auszudrücken, die dieser Arbeit förderlich waren: Meinen über die gesamte Etage des Instituts verteilten Kollegen, die sich so oft meinen Kummer mit den Wellen anhören mussten und mir stets mit Rat und Tat zur Seite standen, namentlich Herrn Dr. Schröder, der, obwohl fachfremd, das Gleiche tat und Herrn Dr. Brüns, der mich in die Welt der Diskretisierung von Strukturelementen einführte. Gedankt sei auch Herrn Prof. Dr. Dr. E.h. ter Haseborg für meine Anstellung am Institut und die Bereitstellung der Mittel, die der vorliegenden Arbeit ihre Grundlage gaben sowie Herrn Prof. Dr. Schuster, der freundlicherweise das Korreferat übernommen hat. Schließlich möchte ich auch Frau Brandlmaier meinen Dank aussprechen, die mich mit ihrer wundervollen Art sehr unterstützt hat.

Zusammenfassung

Die vorliegende Arbeit beschäftigt sich mit der örtlich aufgelösten Bestimmung des elektrischen Feldes mit Hilfe von automatisierten Positioniersystemen (Robotern). Zur Vermessung unterschiedlicher Strahler mit komplexer Geometrie entstanden drei unterschiedliche Roboter, deren mechanische Konstruktion und elektronische Ansteuerung komplett im Rahmen der Promotionstätigkeit entwickelt wurde. Die Roboter unterscheiden sich grundlegend in Konstruktion und Bewegungsraum. Alle ermöglichen jedoch eine orts- bzw. winkelaufgelöste Abtastung über die Positionierung eines austauschbaren Feldmesssystems bzw. Prüflings bei gleichzeitiger geringer Beeinflussung des zu messenden Feldes. Dieses wurde sowohl durch die Wahl der Konstruktionsmaterialien, als auch durch spezielle Konstruktionen dieser Roboter ermöglicht.

Die Leistungsfähigkeit der Roboter für die automatisierte Feldvermessung und ihre geringe Beeinflussung konnten in der Arbeit anhand konkreter Feldanalysen dargelegt werden. So wurden die Strahlungsbilder verschiedener Strahlungsquellen mit komplexer Geometrie detailliert vermessen.

Die Untersuchung der Strahlungsquellen in der Arbeit ist thematisch wie folgt gegliedert:

- **Feldhomogenitätsuntersuchung der GTEM-5317:** Es wurde die Feldverteilung in horizontaler und vertikaler Ebene in der GTEM-5317 gemessen. Dieses geschah auch mit Fokus auf die Modenausbreitung, die in einer GTEM-Zelle für große Frequenzbereiche nicht mehr rein transversal elektromagnetisch ist. Zudem war es möglich, mittels eines speziellen Messaufbaus die Feldverzerrung in der GTEM-Zelle in Abhängigkeit des Beladungszustandes messtechnisch zu bestimmen.

- **Untersuchung der Abstrahlung von Antennen über leitender Ebene:** Es wurden eine Linear- und eine komplexe Rechteckantenne in Bezug auf ihre Abstrahlungscharakteristik, Gesamtabstrahlung und ihren Antennengewinn hin untersucht.

- **Feldkopplungsmessungen von Prüflingen in einer GTEM-Zelle in Abhängigkeit der Ausrichtung:** Es wurde die Einkopplung des elektromagnetischen Feldes in drei unterschiedliche Leiterbahnstrukturen in Abhängigkeit der Ausrichtung gemessen. Weiterhin wurden über die 15-Positionen-Methode die Dipolmomente von zwei Antennen bestimmt.

Die Vergleiche mit Ergebnissen numerischer Simulationen zeigen die hohe Güte der Feldvermessung, was auf eine geringe Beeinflussung des Feldes zurückzuführen ist. Mittels zusätzlicher Messungen mit Netzwerkanalysator und TDR konnte an einigen Stellen die Analyse der Felduntersuchungen zusätzlich unterstützt werden.

Die bei (automatisierten) Feldvermessungen auftretenden typischen Probleme wurden in der Arbeit an Beispielen herausgestellt, um die Ergebnisse der Messungen in Bezug auf ihre Güte einordnen zu können.

Inhalt

1 Einleitung ... 7

2 Grundlagen ... 10
2.1 Allgemeine Lösungen der Maxwellschen Gleichungen ... 11
2.2 Lösungen der Maxwellschen Gleichungen für spezielle Geometrien ... 12
2.2.1 Leitungswellenleiter - Modenausbreitung als Lösung der Maxwellschen Gleichungen ... 12
2.2.1.1 GTEM-Zelle ... 17
2.2.2 Wellenausbreitung im Freiraum ... 19
2.2.2.1 Kurze Empfangsantennen - Feldsensoren ... 24
2.3 Numerische Feldberechnung - Momentenmethode ... 26

3 Messtechnik und Messsyteme ... 28
3.1 Roboter ... 28
3.1.1 Konstruktionsmaterialien ... 28
3.1.2 Mechanik und Konstruktion ... 33
3.1.2.1 Roboter 1 - Positionierer mit pneumatischem Antrieb ... 36
3.1.2.2 Roboter 2 - Positionierer mit hydraulischem Antrieb ... 38
3.1.2.3 Roboter 3 - Positionierer mit elektrischem Antrieb ... 40
3.1.3 Software ... 42
3.2 Feldmesssysteme ... 43
3.3 Verwendung und Konfiguration der Messsysteme ... 46

4 Beurteilung von Fehlerquellen in der automatisierten Strahlungsmesstechnik ... 48
4.1 Einfluss des Hintergrundspektrums ... 48
4.2 Einfluss der Exzentrizität bei auf einer Kreisbahn abtastenden Feldmesssystemen ... 49
4.3 Feldverzerrung durch Nähewirkung des Sensorkopfes ... 51
4.4 Einfluss der räumlichen Messauflösung ... 52
4.5 Isotropiefehler ... 54
4.6 Einfluss der Veränderung der Messumgebung auf die Feldausbreitung ... 55
4.7 Auswirkung der Messunsicherheit bei der Verwendung logarithmischer HF-Detektoren ... 58

5 Messung und Simulation ... 60
5.1 Feldhomogenitätsuntersuchung der GTEM-5317 ... 60
5.1.1 Untersuchung der Feldhomogenität in der x-z-Ebene der GTEM-5317 ... 60
5.1.2 Untersuchung der Feldhomogenität in der x-y-Ebene der GTEM-5317 ... 66
5.1.3 Untersuchung der Modenausbreitung in der GTEM-5317 ... 71
5.1.4 Untersuchung der Feldverzerrungen durch Beladung der GTEM-5317 ... 75
5.2 Feldkopplungsmessung von Prüflingen in einer GTEM-Zelle in Abhängigkeit der Ausrichtung ... 79
5.2.1 Richtungsabhängige Feldkopplungsmessung einer Platine ... 80
5.2.2 Bestimmung der äquivalenten Dipolmomente eines Strahlers ... 85
5.3 Untersuchung der Abstrahlung von Antennen über leitender Ebene ... 90

5.3.1 Messung verschiedener Abstrahlungsparameter von einer Linear- und komplexen Rechteckantenne 90

6 Ausblick 99

Literaturverzeichnis 100

1 Einleitung

Mit steigender Ausnutzung der Frequenzspektren durch Funkübertragung und Störaussendungen durch immer höhere Prozessorgeschwindigkeiten in digitalen Geräten, einhergehend mit immer kleineren Signalpegeln und höheren Packungsdichten der elektronischen Bauelemente, wächst die Wichtigkeit der Untersuchung der feldgebundenen Kopplung als Bereich der Elektromagnetischen Verträglichkeit [Ao08], [Ba07]. Eine gezielte Analyse der Störquellen und Kopplungspfade ist für Maßnamen zur Reduktion der Störaussendung oder Störeinkopplung essentiell. - Dafür werden detaillierte Informationen über die Antennenstrukturen und Feldverläufe benötigt [Ao08], [Ba07].

Zur Untersuchung der Feldverteilung stehen neben der Messtechnik auch numerische Simulationsverfahren als Alternative zur Verfügung [Ge03]. Mit steigender Komplexität und Frequenz wächst jedoch die Rechenzeit überproportional [Ge03], [Le00]. Außerdem sind die Ergebnisse nur maximal so gut, wie die Modelle, auf denen sie basieren, welche oft nur eine reduzierte Komplexität erlauben. So ist die Messtechnik nach wie vor bei komplexen Geometrien und hoher Frequenz ein Mittel, mit dem mit moderatem Zeitaufwand Daten über Feldverteilungen gewonnen werden können. Eine Automatisierung der Messprozeduren ermöglicht zudem einen Detailreichtum, welcher dem von Simulationen gleichkommt und spätere Analysen unterstützt.

Die Untersuchung komplexer Geometrien im Hinblick auf ihr Abstrahlverhalten erfordert hoch aufgelöste Feldmessungen, die mit manueller Positionierung einer Messsonde nicht mehr durchführbar sind.

Die Zielstellung der Arbeit war das Entwickeln von Positioniersystemen (Robotern), die das automatisierte Vermessen konkreter Strahlungsquellen mit komplexer Geometrie bei gleichzeitig geringer Messbeeinflussung ermöglichen.

Dazu wurden drei unterschiedliche der Problemstellung angepasste Roboter entwickelt. Neben einer schnellen und präzisen Positionierung mit hoher örtlicher Auflösung wurde besonders eine geringe Beeinflussung des zu messenden Feldes von den Spezialrobotern gefordert.

In Kapitel 2 der Ausarbeitung sind die wichtigsten Grundlagen für die nachfolgenden Abschnitte beschrieben. Es wird besonders auf Leitungswellenleiter und kurze elektrische Antennen eingegangen, da diese Themengebiete wesentlich für das Verständnis der Arbeit sind. Anschließend, in Kapitel 3, werden die Konstruktionen der drei entwickelten Roboter erläuternd dargestellt; dabei wird speziell auf die Materialwahl für die mechanischen Konstruktionselemente eingegangen. In diesem Abschnitt werden auch die verwendeten HF-Messsysteme vorgestellt. Es folgt in Kapitel 4 eine Abhandlung über verschiedene systematische Fehler bei (automatisierten) HF-Messungen, die für die Arbeit Relevanz besitzen. Die Fehlersimulationen dienen der Abschätzung der Güte der Messungen. Die messtechnischen Ergebnisse der Arbeit werden in Kapitel 5 dargelegt: Es werden die verschiedenen Strahlungsquellen vorgestellt sowie auch die Messaufbauten mit den jeweiligen Robotern für die automatisierte Feldvermessung beschrieben. Sofern die Möglichkeit und Notwendigkeit bestand, wurden die Messungen den Ergebnissen aus numerischen Simulationen gegenübergestellt. Teilweise wurden die Mess- und Simulationsergebnisse weitergehend analysiert. Obwohl dies kein ausgesprochener Bestandteil der Arbeit war, konnte so herausgestellt werden, welche Möglichkeiten detaillierte Feldvermessungen mit Spezialrobotern bieten. Die Arbeit schließt mit einem Ausblick.

Die Veröffentlichungen, die im Rahmen dieser Promotion entstanden sind und bei denen der Verfasser als Haupt- oder Co-Autor auftritt, sind nachfolgend aufgeführt und im Literaturverzeichnis mit einem Stern (*) versehen.

[Dy08] T. Dyballa, K. Haake, R. Kebel, T. Stadtler, J. L. ter Haseborg, „Measurement of the local distribution of the electric field coupled into shielding enclosures via apertures", Electromagnetic Compatibility - EMC Europe: 2008 International Symposium, Hamburg, 8.-12. Sept. 2008, S. 455-458

[Ha05] K. Haake, J. L. ter Haseborg, „Problems caused by insufficient electrical isolation in RF measurement setups", International Symposium on EMC, Chicago, 8.-12. Aug. 2005, Vol. 1, S. 256-261

[Ha06a] K. Haake, T. Stadtler, J. L. ter Haseborg, „Treatment of a low cost spherical coordinates electric field scanner under consideration of radiation measurement", European Symposium on EMC, Barcelona, 4.-8. Sept. 2006, S. 690-694

[Ha06b] K. Haake, J. L. ter Haseborg, „Vergleich verschiedener Messmethoden zur Bestimmung der Abstrahlung unterschiedlicher Strahlungsquellentypen“, Internationale Fachmesse und Kongress für Elektromagnetische Verträglichkeit, Düsseldorf, 7.-9. März 2006, VDE Verlag, Berlin, Offenbach, 2006, S. 269-276

[Ha07a] K. Haake, T. Stadtler, J. L. ter Haseborg, „On measuring the transfer function that correlates GTEM cell to OATS measurements", European Symposium on EMC, Paris, 14.-15. Juni 2007

[Ha07b] K. Haake , J. L. ter Haseborg, „Shielding effectiveness of mechanical feed through elements used in a GTEM cell", International Conference on Electromagnetics in Advanced Applications, Turin, 17.-21. Sept. 2007, S. 213-216

[Ha08a] K. Haake , J. L. ter Haseborg, „Identification of the complex relative dielectric constant of porous polymers at different degrees of humidity", Advances in Radio Science, Copernicus Publications, 2008, Vol. 6, S. 5-8

[Ha08b] K. Haake, J. L. ter Haseborg: „High resolution field mapping inside a GTEM cell recorded with a new type of robot system", IEEE Transactions on Electromagnetic Compatibility, Vol. 50, 2008, S. 747-751

[Ha08c] K. Haake, J. L. ter Haseborg, „Entwicklung eines speziellen 3-D-Positionierers zur automatisierten Bestimmung äquivalenter Multipolmomente in einer GTEM-Zelle für Emissionsmessungen", Internationale Fachmesse und Kongress für Elektromagnetische Verträglichkeit, Düsseldorf, 19.-21. Feb. 2008, VDE Verlag, Berlin, Offenbach, 2008, S. 261-268

[Ha08d] K. Haake, J. L. ter Haseborg, „Precise investigation of field homogeneity inside a GTEM cell", Electromagnetic Compatibility - EMC Europe: 2008 International Symposium, Hamburg, 8.-12. Sept. 2008, S. 225-228

[Ha08e] K. Haake , J. L. ter Haseborg, „HIGH RESOLUTION SCAN OF THE E-FIELD DISTRIBUTION OF NON TEM MODES INSIDE A GTEM CELL", 19th int. Wroclaw symposium & exhibition on electromagnetic compatibility, Breslau, 11.-13. Juni 2008, S. 277-280

[Ha08f] K. Haake , J. L. ter Haseborg, „Determination of coupling of UWB pulses into complex PCB line stru ctures using multi-alignment measurements", International Symposium on EMC, Detroit, 18.-22. Aug. 2008, S. 1-5

[Ha08g] K. Haake , J. L. ter Haseborg, „Development of a modular low cost robot for scanning the electromagnetic field within very large arbitrary areas or volumes", Serbian Journal of Electrical Engineering, Vol. 5/1, 2008, S. 49-46

[Kl08] C. Klünder, K. Haake, J. L. ter Haseborg, „Beschreibung der Abstrahlcharakteristiken von handelsüblichen Funksendern im 2,4-GHz-ISM-Band unter Gesichtspunkten der EMV", Internationale Fachmesse und Kongress für Elektromagnetische Verträglichkeit, Düsseldorf, 19.-21. Feb. 2008, VDE Verlag, Berlin, Offenbach, 2008, S. 381-388

2 Grundlagen

Die physikalisch-mathematischen Grundlagen zur Beschreibung aller bzgl. der Materie makroskopischen elektrischen und magnetischen Phänomene bilden die Maxwellschen Gleichungen, so auch für die Ausbreitung elektromagnetischer Wellen. Sie können sowohl in integraler als auch, wie hier folgend, in differenzieller Weise notiert sein [He01], [Bl94], [Si73]:

$$\nabla \times \boldsymbol{H} = \boldsymbol{J} + \varepsilon \frac{\partial(\boldsymbol{E})}{\partial t} \tag{1}$$

$$\nabla \times \boldsymbol{E} = -\mu \frac{\partial(\boldsymbol{H})}{\partial t} \tag{2}$$

$$\nabla \cdot \boldsymbol{E} = \frac{\rho}{\varepsilon} \tag{3}$$

$$\nabla \cdot \boldsymbol{H} = 0 \tag{4}$$

In (1) und (2) wird die Verkopplung des elektrischen mit dem magnetischen Feld (im Folgenden werden auch die Abkürzungen E- und H-Feld benutzt) ausgedrückt, die bei allen zeitlich veränderlichen Feldern auftritt. Die Quellen der elektrischen und magnetischen Phänomene finden sich in den Gleichungen in Form der Stromdichte **J** und der Raumladungsdichte ρ wieder. Diese Quellterme sind nicht unabhängig voneinander, sondern werden durch die sogenannte Kontinuitätsgleichung (5) miteinander in Zusammenhang gebracht und stellen die Anregung des betrachteten Systems dar [He01], [Bl94], [Si73].

$$\nabla \cdot \boldsymbol{J} = -\frac{\partial \rho}{\partial t} \tag{5}$$

Die Eigenschaften der Materie, in der sich die elektromagnetischen Phänomene abspielen, werden durch drei Materialgleichungen (6), (7) und (8) beschrieben, die das Verhältnis von Flussdichte und Feld angeben. Im linearen Fall wird der Quotient aus beiden für das elektrische Feld mit ε, für das magnetische Feld mit μ und für das Strömungsfeld mit κ benannt. Diese bestehen im Fall des elektrischen und magnetischen Feldes aus einer Naturkonstante (indiziert mit 0) und einer materialabhängigen Konstante [Bl94], [Kü05].

$$\boldsymbol{D} = \varepsilon_0 \cdot \varepsilon_r \cdot \boldsymbol{E} \tag{6}$$

$$\boldsymbol{B} = \mu_0 \cdot \mu_r \cdot \boldsymbol{H} \tag{7}$$

$$\boldsymbol{J} = \kappa \cdot \boldsymbol{E} \tag{8}$$

Die relative Permittivität ε_r und die relative Permeabilität μ_r sind im Allgemeinen frequenzabhängige Größen. Sie können auch in komplexer Schreibweise dargestellt werden, wobei dann der imaginäre Teil die ohmschen Verluste des Materials angibt [Hi66].
Nur bei isotroper Materie gibt es einen skalaren Zusammenhang zwischen Flussdichte und Feld. Ist dies nicht gegeben, so werden ε_r, μ_r und κ als Tensor, eine 3x3-Matrix, angegeben, um den Materialeinfluss in alle drei Raumrichtungen zu beschreiben [Si73], [Ka06].

2.1 Allgemeine Lösungen der Maxwellschen Gleichungen

Wie bereits erwähnt, sind das E- und das H-Feld im zeitveränderlichen Fall miteinander verkoppelt. Die mathematische Separation der dies beschreibenden Gleichungen ist durch Überführung in Differentialgleichungen zweiter Ordnung möglich. Die Lösung dieser Differentialgleichungen ist auf verschiedenen Wegen durchführbar, wobei eine Möglichkeit darin besteht, **E** und **H** von so genannten Potentialfunktionen abzuleiten [He01], [Si73]. Dabei wird gemäß (9) das H-Feld als Wirbel eines noch zu bestimmenden Vektorpotentials **A** angenommen.

$$H = \nabla \times A \tag{9}$$

Das Elektrische Feld fordert zusätzlich zu der zeitlichen Ableitung des Vektorpotentials **A** noch die örtliche Ableitung eines noch zu bestimmenden skalaren Feldes ϕ:

$$E = -\nabla \phi - \mu \frac{\partial A}{\partial t} . \tag{10}$$

Das Einsetzen dieser Ausdrücke in (1) und (2) führt zu den Differentialgleichungen zweiter Ordnung (11) und (12) für **A** und ϕ [Bl94], [Si73]. Dabei müssen spezielle Eichbedingungen definiert werden, die einen Freiheitsgrad der Gleichungen reduzieren. Sie sind bei Interesse in [He01], [Bl94] oder in anderer Standardliteratur zu diesem Thema nachzulesen.

$$\nabla^2 A - \mu\varepsilon \frac{\partial^2 A}{\partial t^2} = -J \tag{11}$$

$$\nabla^2 \Phi - \mu\varepsilon \frac{\partial^2 \Phi}{\partial t^2} = -\frac{\rho}{\varepsilon} \tag{12}$$

Wie an dieser allgemeinen Schreibweise der Gleichungen zu erkennt ist, stellen die Quellenterme die Inhomogenitäten der Differentialgleichungen dar. Es sind die Stromdichte **J** und die Volumenladungsdichte ρ mit einem Vorfaktor. Sind diese Quellen im gesamten betrachteten Gebiet bekannt, lassen sich (11) und (12) über das Coulomb-Integral lösen [He01], [Bl94]:

$$A(\boldsymbol{r}, t) = \frac{1}{4\pi} \iiint\limits_V \frac{J(\tilde{\boldsymbol{r}}, t - \frac{|\boldsymbol{r} - \tilde{\boldsymbol{r}}|}{c})}{|\boldsymbol{r} - \tilde{\boldsymbol{r}}|} d\tilde{V} \qquad (13)$$

$$\Phi(\boldsymbol{r}, t) = \frac{1}{4\pi\varepsilon} \iiint\limits_V \frac{\rho(\tilde{\boldsymbol{r}}, t - \frac{|\boldsymbol{r} - \tilde{\boldsymbol{r}}|}{c})}{|\boldsymbol{r} - \tilde{\boldsymbol{r}}|} d\tilde{V} \qquad (14)$$

Das Integrationsvolumen V ist dabei das Gebiet, in dem **J** und ρ von Null verschieden sind. Die Integranden in (13) und (14) sind Funktionen bezüglich des Raumes und der Zeit, welche zusätzlich eine Retardierung erfahren, womit der Ausbreitung der Felder mit endlicher Geschwindigkeit c (Lichtgeschwindigkeit im Medium) Sorge getragen wird. Der Nenner der Intergranden ist der Abstand zwischen Aufpunkt und Quellpunkt. Gleichung (13) und (14) sind die allgemeinen Lösungsformen, die von einer beliebigen Quellverteilung im Freiraum ausgehen. In speziellen Fällen werden Integrand und Integrationsgebiet an das gegebene Problem angepasst. Somit können die Integrale durch Vorgaben, wie z.B. der Beschränkung auf dünne metallische Leiter o. Ä. vereinfacht werden [Br85]. Die Lösungen für **A** und ϕ bestehen im Allgemeinen aus den partikulären Lösungen (13) und (14) und homogenen Lösungen, die über mathematische Standardlösungswege gefunden werden können [Bl94]. Sind die Potentiale **A** und ϕ gefunden, so lassen sich daraus E- und H-Feld über (9) und (10) berechnen.

2.2 Lösungen der Maxwellschen Gleichungen für spezielle Geometrien

Die Berechnung von E- und H-Feld über den zuvor beschriebenen Lösungsweg findet meist nur in numerischer Software Anwendung, da dort die numerische Auswertung nahezu beliebig komplexe Quellverteilungen zulässt. Eine rein analytische Betrachtung ist meist schwierig oder sogar unmöglich [Br85]. Es gibt jedoch einige Problemstellungen mit Randbedingungen, die sowohl eine analytische Betrachtung unter bestimmten Vereinfachungen erlauben, als auch einen bedeutenden praktischen Wert besitzen. Die beiden wichtigsten Geometrien, die in dieser Arbeit eine Anwendung finden, sind dabei der transversalelektromagnetische Wellenleiter und die elektrisch kurze Stabantenne.

2.2.1 Leitungswellenleiter - Modenausbreitung als Lösung der Maxwellschen Gleichungen

Der technisch bedeutendste Wellenleiter für den unteren Frequenzbereich ist der transversalelektromagnetische (TEM-) Wellenleiter, besonders der Koaxialleiter [Un91], [Zi95]. Der ideale Zweidrahtwellenleiter besteht, wie in [Kü05] definiert, aus zwei unendlich langen parallelen räumlich getrennten ideal leitenden Leitungen mit konstantem Querschnitt. Zusätzlich wird gefordert, dass ihr Abstand voneinander wesentlich kleiner als die geführte Wellenlänge ist, um dafür Sorge zu tragen, dass nur TEM-Wellen transportiert und alle anderen Wellentypen (Moden) ausreichend gedämpft werden [Un91]. Dieses theoretische Modell, welches zusätzlich streng genommen nur für unendlich lange Leitungen gilt, wird als Lecherleitung bezeichnet [Zi95]. Das Ersatzschaltbild für ein infinitesimales Stück dz besteht nur aus zwei konzentrierten Bauelementen: einer Längsinduktivität L'dz und einer Parallelkapazität C'dz [Un91]. Die gestrichenen Größen weisen darauf hin, dass es sich um Größen pro Längeneinheit handelt. Für Betrachtungen realer Zweidrahtleitung wird das Modell um die Elemente R'dz und G'dz erweitert, welche in Abbildung 1 die Leitungs- und dielektrischen Verluste darstellen [Un91]. Sind Leitungsverluste vorhanden, wird genau genommen von einer Quasi-TEM-Wellenausbreitung gesprochen: Das E-Feld erfährt dann zusätzlich eine Feldkomponente in Ausbreitungsrichtung, diese muss jedoch klein gegenüber der transversalen Feldkomponente sein [Kü05]. Im Verlauf dieser Arbeit wird jedoch der Einfachheit halber nur der Begriff „TEM-…" verwendet werden.

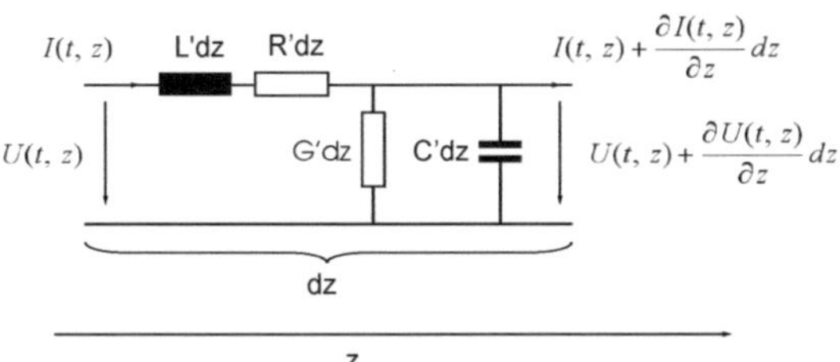

Abbildung 1: Ersatzschaltbild eines infinitesimal kleinen Leitungstückes dz eines realen TEM-Wellenleiters, [Un91]

Die Wellenausbreitungsvorgänge auf der Zweidrahtleitung gehorchen zwar den Maxwellschen Gleichungen, jedoch wird die mathematische Herleitung aus dem Ersatzschaltbild gewonnen und führt auf Differentialgleichungen zweiter Ordnung für Strom und Spannung, wie für U beispielhaft in (15) gezeigt [Un91].

$$\frac{\partial^2 U(t,z)}{\partial z^2} = \gamma^2 \cdot U(t,z) \qquad (15)$$

Der Faktor γ wird dabei als Ausbreitungskonstante bezeichnet und besteht wie in (16) aus Real- und Imaginärteil. Dabei ist α die Wellendämpfung, welche bei verlustlosen Leitungen verschwindet und β die Phasenkonstante, die die Phasenänderung bei fortlaufender Welle entlang der Leitung beschreibt [Un91]. Die Kreisfrequenz ist mit ω gegeben.

$$\gamma = ((R' + j\omega L')\cdot(G' + j\omega C'))^{\frac{1}{2}} = \alpha + j\beta \qquad (16)$$

Die Lösungen der Differentialgleichungen für U und I lauten [Un91]:

$$U(t,z) = U_h(t,z) + U_r(t,z) = U_1 \cdot e^{-\gamma z + j\omega t} + U_2 \cdot e^{\gamma z + j\omega t} \qquad (17)$$

und

$$I(t, z) = \frac{1}{Z} U_h(t, z) - \frac{1}{Z} U_r(t, z) \quad (18)$$

Sie sind Überlagerungen aus einer hinlaufenden Welle (indiziert mit h) und einer rücklaufenden Welle (indiziert mit r). Der Quotient von U und I der hinlaufenden oder der negativen rücklaufenden Welle wird als Leitungswellenwiderstand Z bezeichnet, der, wie auch die Ausbreitungskonstante, eine in (19) gegebene Funktion der primären Leitungsparameter L', R', G' und C' darstellt [Un91]. Die Verkopplung von hin- und rücklaufender Welle wird über den Reflexionsfaktor r_L in (20) ausgedrückt, wobei Z_e der Abschlusswiderstand der Leitung ist [Un91]. Ist dieser identisch dem Wellenwiderstand, verschwindet die rücklaufende Welle und es wird von Anpassung gesprochen.

$$Z = \left(\frac{R' + j\omega L'}{G' + j\omega C'} \right)^{\frac{1}{2}} \quad (19)$$

$$r_L = \frac{Z_e - Z}{Z_e + Z} = \frac{U_h}{U_r} = -\frac{I_h}{I_r} \quad (20)$$

$$S_{11_{\mathrm{dB}}} = 20 \cdot \log(r_L) \quad (21)$$

In der Praxis wird die Reflexion oft über den S_{11}-Parameter der Streumatrix wie in (21) in logarithmischer Form angegeben [Sc84].

Das Stehwellenverhältnis s in (22) ist der Quotient der maximalen zur minimalen Spannungsamplitude auf der Leitung [Un91]. Das dies nur für verlustlose Leitungen gilt, verdeutlicht Abbildung 2.

Es gilt auch näherungsweise für sehr kurze Leitungsstücke, wenn davon ausgegangen wird, dass α klein ist.

$$s = \frac{|U_h| + |U_r|}{|U_h| - |U_r|} \overset{\text{verlustlose Leitung}}{=} \frac{U_{\max}}{U_{\min}} \quad (22)$$

Es ist auch möglich, das Stehwellenverhältnis aus dem Reflexionsfaktor auszudrücken und umgekehrt.

Der Koaxialleiter, eine Besonderheit der Zweidrahtleitungen, erzeugt beim Leistungstransport ein E-Feld, welches radial vom Innen- zum Außenleiter zeigt und ein H-Feld, das konzentrische Kreise zwischen diesen beiden mit dem Innenleiter im Mittelpunkt bildet [Zi95]. Durch seine spezielle Leiteranordnung und im Idealfall symmetrische Stromführung gibt es kein Feld außerhalb des Doppelleiters.

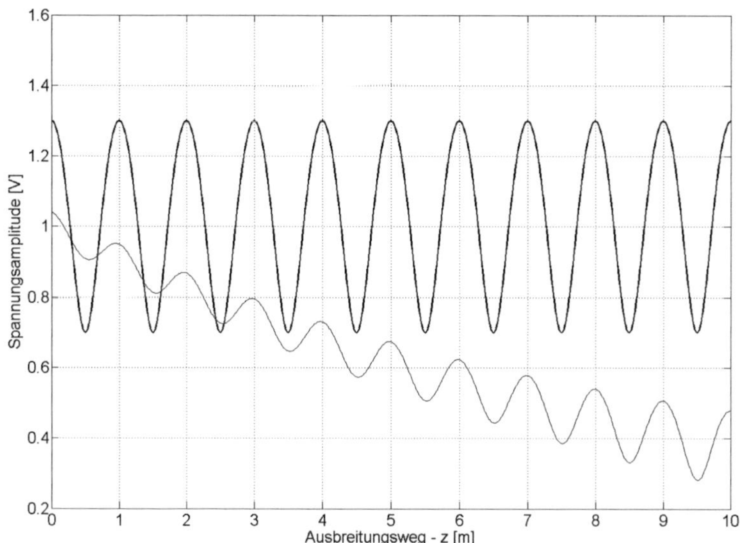

Abbildung 2: Verlauf der Spannungsamplitude auf einer 10 m langen Leitung; der Reflexionsfaktor beträgt r_L=0,3; dicke Linie: verlustlose Leitung; dünne Linie: verlustbehaftete Leitung mit α=0,1/m

Bei Zweidrahtwellenleitern lässt sich der Leistungstransport noch ähnlich wie bei Gleichstromnetzwerken mittels Spannung und Strom beschreiben, bei einem anderen technisch wichtigen Wellenleitertyp, dem so genannten Hohlleiter, versagt diese Art der Betrachtung. Zwar ist es möglich, auch zu diesem Wellenleitertyp ähnlich erweiterte Ersatzschaltbilder wie in Abbildung 1 zu finden, allerdings besitzen sie nicht den gleichen realen Bezug zur technischen Realisierung wie beim Zweidrahtwellenleiter [Zi95], [Ko99].

Eine der einfachsten aller Hohlleiterbauformen ist die in Abbildung 3 skizzierte Darstellung eines Rechteckhohlleiters mit den Abmaßen a und b, wobei a>b angenommen wird [Kü05], [Zi95], [De03]. Die Leistungsausbreitung wird dabei über die Reflexion gleichfrequenter Wellen an den leitenden Wänden geführt.

Ihre Überlagerung erzeugt eine Amplitudenverteilung von E- und H-Feld, wie sie in Abbildung 3 dargestellt ist. Die Randbedingungen sind durch die leitenden Wände definiert, wobei dort das tangentiale E- und das normale H-Feld verschwinden müssen. Dieses ist nur für bestimmte Reflexionswinkel bezogen auf die Wellenlänge möglich, was eine untere Grenzfrequenz definiert. Das bedeutet, dass alle Wellen mit darunter liegender Frequenz stark bedämpft werden und damit nicht ausbreitungsfähig sind [Zi95], [De03].

Die in Abbildung 3 dargestellte H_{10}-Welle ist eine transversalelektrische Welle mit dem H-Feld in Ausbreitungsrichtung. Die allgemeine Schreibweise H_{xy}-Welle gibt über die Indizes x und y die Anzahl der Amplitudenmaxima des E-Feldes in x- und y-Richtung an.

Die untere Grenzfrequenz in einem rechteckigen quaderförmigen Hohlraum eines xyz-Modes errechnet sich über (23) [Zi95], [Dy08]. Handelt es sich um einen Wellenleiter (die Länge l ist unendlich und der letzte Term verschwindet), so vereinfacht sich die Gleichung zu (24) [De03].

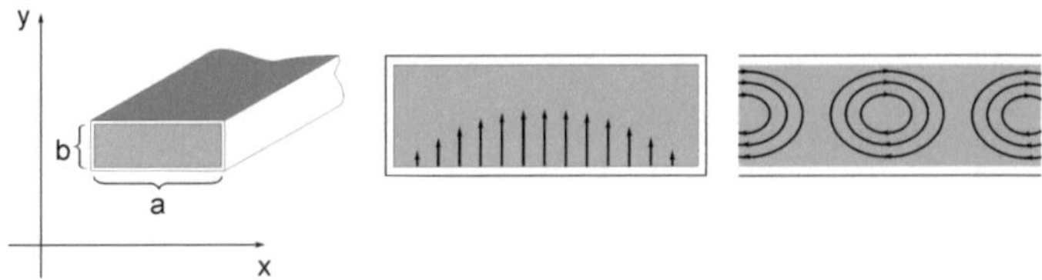

Abbildung 3: schematische Darstellung eines Rechteckhohlleiters; links: Rechteckhohlleiter mit den Querschnittsabmaßen a und b; Mitte: E-Feldverteilung der H_{10}-Welle im Hohlleiter in der x-y-Ebene; rechts: H-Feldverteilung der H_{10}-Welle im Hohlleiter in der x-z-Ebene, [Kü05], [Zi95], [De03]

Die H_{10}-Welle ist die erste in einem Rechteckhohlleiter ausbreitungsfähige Welle. Ihre untere Grenzfrequenz errechnet sich über (25) [De03]. Praktisch nutzbar ist sie bis maximal zweimal dieser Grenzfrequenz. Für höhere Frequenzen werden weitere H- sowie E-Wellentypen, allgemein auch Moden genannt, ausbreitungsfähig.

$$f_{gr(Hohlraum)} = \frac{1}{2\pi(\varepsilon \cdot \mu)^{\frac{1}{2}}} \cdot \left(\left(\frac{\pi x}{a}\right)^2 + \left(\frac{\pi y}{b}\right)^2 + \left(\frac{\pi z}{l}\right)^2\right)^{\frac{1}{2}} \tag{23}$$

$$f_{gr(Hohlleiter)} = \frac{1}{2\pi(\varepsilon \cdot \mu)^{\frac{1}{2}}} \cdot \left(\left(\frac{\pi x}{a}\right)^2 + \left(\frac{\pi y}{b}\right)^2\right)^{\frac{1}{2}} \tag{24}$$

$$f_{gr(H_{10})} = \frac{1}{2a(\varepsilon \cdot \mu)^{\frac{1}{2}}} \tag{25}$$

Hohlleiter können theoretisch beliebig geformt sein. Allerdings ist die analytische Berechnung der Modenausbreitung nur für elementare Querschnittsgeometrien einfach durchzuführen, wobei auch stets von einem konstanten Querschnitt über die Ausbreitungsrichtung ausgegangen wird. Ist dieses nicht der Fall, so ist eine analytische Betrachtung sehr viel komplizierter und auch nur für spezielle Fälle durchführbar, wie z.B. in einer GTEM-Zelle [Ko99].

Die einfachsten Formen einer Wellenanregung in einem Hohlleiter erfolgen durch eine Kurzschlussleitung oder eine kurze Stabantenne. Beide sind dabei in den Hohlleiter in der Weise eingebracht, dass die Randbedingungen (leitende Wände, etc.) erfüllt werden und die sich ausbreitende Welle an den Seitenwänden reflektiert wird, so dass es zu einer Wellenausbreitung entlang des Hohlleiters kommt [Ba04].

Die bei jeder Wellenausbreitung entstehende Leistungsflussdichte ergibt sich nach [Un91] zu:

$$\boldsymbol{S} = \boldsymbol{E} \times \boldsymbol{H}. \tag{26}$$

2.2.1.1 GTEM-Zelle

Ein spezieller, zu Testzwecken konstruierter Wellenleiter ist die GTEM-Zelle (GTEM: GHz-transversalelektromagnetisch) [Kö87]. Dieser, wie in Abbildung 4 skizzierte, zur Vergrößerung des Messvolumens konisch aufgeweitete Zweidrahtwellenleiter ist als TEM-Wellenleiter konzipiert, wobei Prüflinge in ein elektromagnetisches Feld zwischen Innen- und Außenleiter gebracht werden können.

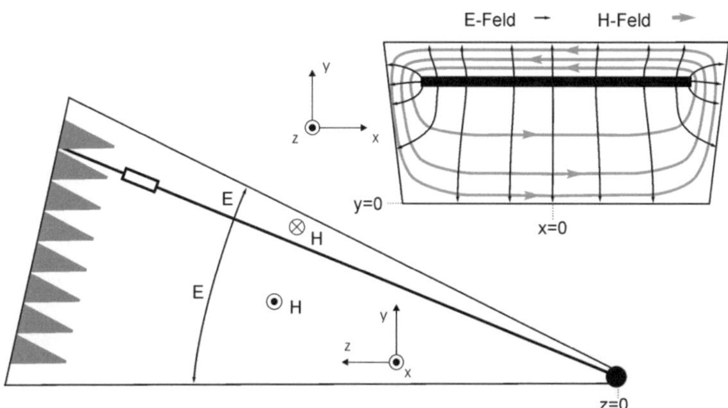

Abbildung 4: GTEM-Zelle mit schematisch skizzierten Feldverteilungen; oben: Querschnitt; unten: Längsschnitt

Dieses Feld soll aufgrund der Geometrie von Innen- und Außenleiter sehr homogen sein. Die Querschnittsfläche (x-y-Schnitt) der GTEM-Zelle ist, wie in Abbildung 4 zu sehen, trapezoid und wird durch den Außenleiter begrenzt. Der Innenleiter, auch Septum genannt, ist im Querschnitt linienförmig. Die Dimensionen vergrößern sich in Wellenausbreitungsrichtung in der Weise, dass Formtreue besteht und somit der Leitungswellenwiderstand konstant, typischerweise 50 Ω, bleibt. Die Leistungseinspeisung erfolgt an der spitz zulaufenden Seite über ein Koaxialkabel, das die Einkopplung einer TEM-Welle ermöglicht. Aufgrund der normalerweise großen Abstände zischen Innen- und Außenleiter breiten sich im Nutzfrequenzband der Zelle auch andere Moden aus, die teils essentiell sind, d.h. über die Geometrie der Zelle erzeugt werden und damit einen im Vergleich zur gewollten TEM-Welle beträchtliche Teilleistung besitzen. Weiterhin kommt es auch zur Ausbreitung nicht essentieller Moden, die an Störstellen, wie z.B. baulichen Ungenauigkeiten entstehen, jedoch meist nur einen untergeordneten Leistungstransport darstellen [Ko99], [Gr99]. Den Leitungsabschluss bzw. Wellensumpf der GTEM-Zelle bildet eine Kombination aus ohmschen Widerständen, die verteilt über den Septumsquerschnitt mit der Rückwand der Zelle leitend verbunden sind und eine Wand pyramidenförmiger Hochfrequenzabsorber, die die Rückwand der Zelle bedecken. Die Wirksamkeit der beiden Abschlüsse ist je nach Frequenz und Mode unterschiedlich: Für die TEM-Welle arbeiten die ohmschen Widerstände im unteren und die Schaumstoffabsorber im höheren Frequenzbereich, welche zusätzlich in der Lage sind, höhere Moden zu absorbieren. Der typische qualitative Verlauf der Dämpfung der reflektierten Welle ist in Abbildung 5 dargestellt.

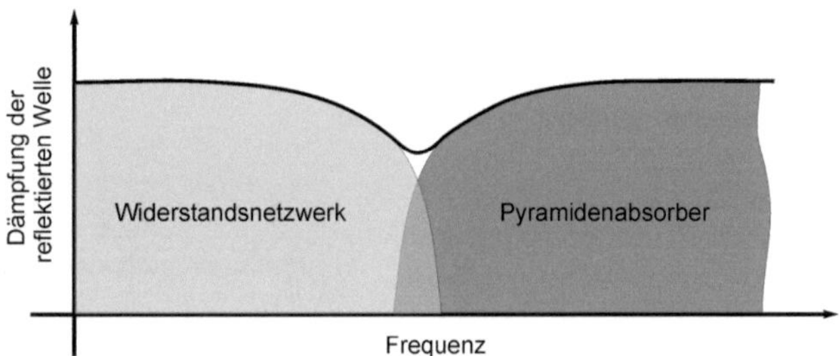

Abbildung 5: qualitativer Verlauf des Wellenabschlusses in einer GTEM Zelle, [ET04]

Der Übergangsbereich zwischen den beiden Abschlusstypen liegt bei der untersuchten Zelle bei etwa 100 MHz. Dieses hängt natürlich generell stark vom Aufbau der kombinierten Wellenabsorber ab und kann somit nicht verallgemeinert werden. In [DL96] wird genauer auf den Aufbau solcher kombinierten Abschlüsse eingegangen und eine Analyse der Dämpfung reflektierter Wellen durchgeführt.

Wird in einer GTEM-Zelle nur die Ausbreitung des TEM-Modes betrachtet, so kann die Zelle als ein Stück Leitung angesehen werden, welches mit dem in Abbildung 1 gezeigten Ersatzschaltbild modellierbar ist. Dann ist es möglich, die Feldverteilung analytisch, z.B. über konforme Abbildungen zu berechnen [Hu94], [Wa93]. Wird die Zelle als Leiter verschiedener sich überlagernder Moden betrachtet, so ist eine analytische Lösung für eine ideale Zelle nach [Ko99] noch möglich, aber bauliche Eigenheiten einer realen Zelle lassen sich damit nicht mehr erfassen. Numerische Verfahren, wie z.B. in [Th06], [Ha95], [Is01], [Ub04], [Bö97], [Ma01] beschrieben, die besser auf konstrunktionstechnische Details eingehen könnten, stoßen auf einen erheblichen Rechenaufwand bei sehr großen Zellen (GTEM-5317: ca. 3 m x 3 m x 8 m (max. Breite x max. Höhe x Länge)) für hohe Frequenzen.

Die GTEM-Zelle kann als eine ökonomische Alternative zur Absorberhalle genutzt werden [Hu03]. Um mit einer GTEM-Zelle Freifeldmessungen simulieren zu können, bedarf es Korrelationsalgorithmen, die in der Lage sind, die erhaltenen Messwerte umzurechnen. Dabei werden die in einer GTEM-Zelle bestimmten Strahlungsleistungen von Elementarstrahlern (Hertzscher und Fitzgeraldscher Dipol) auf eine fiktive Messung im Freifeld übertragen. Bei der sogenannten Multipolmethode wird dieses Konzept daraufhin erweitert, dass der Prüfling als Summe von solchen Elementardipolen angenommen wird [Wi93], [Kn04]. Die einzelnen Amplituden der Dipolmomente und deren relative Phasenlagen zueinander können über spezielle Messalgorithmen bestimmt werden [Ki98]. Das Messobjekt wird dafür entsprechend dem Algorithmus verschieden ausgerichtet, um so die einzelnen Unbekannten des Gleichungssystems (Amplituden und Phasenlagen) zu bestimmen. Die entsprechenden Feldstärken im Freifeld können dann über die bekannten Wellenausbreitungsgleichungen, wie beispielhaft für den Hertzschen Dipol in z-Richtung mit (34), (35) und (36) berechnet werden.

Generell gilt als Bedingung, dass der Prüfling als elektrisch klein angenommen werden kann: Die Abmessungen sind klein gegenüber der betrachteten Wellenlänge, und es besteht kein elektrisch leitender Kontakt mit der Zelle [DI03].
Um lediglich die gesamte Strahlungsleistung eines Strahlers zu bestimmen, gibt es folgende Korrelationsformel [DI03], [Wi95]:

$$P_{Rad} = \frac{Z_F}{3\pi} \cdot \frac{{k_0}^2}{{e_{0y}}^2 Z_C} \left| U_{P_1} + U_{P_2} + U_{P_3} \right|^2 \tag{27}$$

Dabei sind U_{pn} (n=1..3) die am Zelleneingang am Messwiderstand Z_C gemessenen Spannungen bei den drei orthogonalen Ausrichtungen des Prüflings. Der Freifeldwellenwiderstand ist mit Z_F bezeichnet und k_0 ist die Wellenzahl. Weiterhin ist Z_c die Leitungswellenimpedanz der GTEM-Zelle (typischerweise 50 Ω) und e_{0y} die normierte y-Komponente des E-Feldes (Feldfaktor) des TEM-Modes in der GTEM-Zelle. Diese lässt sich analytisch über (28) berechnen [DI03], [Wi85].

$$e_{0y} = \frac{4 Z_C^{\frac{1}{2}}}{a} \sum_{m=1;3;5..}^{\infty} \left(\frac{\cosh(\frac{m\pi y}{a})}{\sinh(\frac{m\pi y}{a})} \cdot \cos\left(\frac{m\pi x}{a}\right) \cdot \sin\left(\frac{m\pi}{2}\right) \cdot J_0\left(\frac{m\pi g}{a}\right) \right) \tag{28}$$

Die Zellengeometriedaten sind dabei folgende: Die Zellenbreite ist a und der Abstand zwischen Septum und Außenwand ist mit g bezeichnet. Die Koordinaten x und y entsprechen den Prüflingspositionen im Zellenquerschnitt. J_0 ist die Besselfunktion nullter Ordnung. Gleichung (28) ist nicht im Bereich des Spalts zwischen Septum und Außenwand gültig [Wi85].

2.2.2 Wellenausbreitung im Freiraum

Die analytisch am einfachsten zu betrachtenden und auch fundamentalsten elektromagnetischen Wellen sind transversale ebene Wellen. Sie breiten sich geradlinig aus und besitzen nur Feldkomponenten in der Ebene quer zu ihrer Ausbreitungsrichtung [Ka06]. Sie stellen eine Lösung der Helmholtz-Gleichungen dar, die exemplarisch in (29) für das E-Feld angegeben ist [Ka06], [De03], [He01].

$$\nabla^2 \boldsymbol{E} - \mu\varepsilon \frac{\partial^2 \boldsymbol{E}}{\partial t^2} = 0 \tag{29}$$

Diese Art von Wellen treten im Fernfeld von elektromagnetischen Strahlern auf, d.h. wenn sich die Felder von ihren Quellen abgelöst haben und eine eigenständige physikalische Struktur aufweisen [Ka06]. In diesem Fall stehen E- und H-Feld im Fernfeld senkrecht zur Ausbreitungsrichtung und ihr in (30) beschriebenes Verhältnis, der Feldwellenwiderstand Z_F, wird im verlustfreien Medium reellwertig (Z_{F0}= 377 Ω) [Sc96].

$$Z_F = \frac{\boldsymbol{E}_h}{\boldsymbol{H}_h} = -\frac{\boldsymbol{E}_r}{\boldsymbol{H}_r} = \left(\frac{j\omega\mu}{\sigma + j\omega\varepsilon} \right)^{\frac{1}{2}} \tag{30}$$

Die Indizes h und r verweisen auf die Betrachtung der hin- bzw. rücklaufenden Welle. Der Feldwellenwiderstand Z_F lässt sich auch über die Materialparameter ε, μ und κ berechnen; ω beschreibt die Kreisfrequenz.
Der Grenzabstand zwischen Nah- und Fernfeld bei einem elektrisch kleinen Strahler liegt bei:

$$r_{gr} \approx \frac{2\pi}{\lambda}. \tag{31}$$

Fernfeldbedingungen herrschen für Abstände weit darüber, und das reaktive Nahfeld liegt für Abstände weit darunter vor [Ka06]. Für reale Antennen kann diese fiktive Grenze aus (31) für theoretische Strahler in Bezug auf die Abmessungen angenähert werden. Es finden sich in der Literatur verschiedene Näherungen, wie beispielsweise (32) [Pe95] oder (33) [Ka06].

$$r_{gr} = 0{,}62\left(\frac{D^3}{\lambda}\right)^{\frac{1}{2}} \tag{32}$$

$$r_{gr} = 2\frac{D^2}{\lambda} \tag{33}$$

In beiden Fällen beschreibt D die größte Ausdehnung der Antenne.
Im Nahfeld herrscht zwischen den dominierenden E- und H-Feldkomponenten eine Phasendifferenz von 90°. Durch diese findet kein Wirkleistungstransport statt, sondern die in den jeweiligen Feldformen gespeicherte Energie pulsiert wechselweise. Mit wachsendem Abstand werden diese Anteile überproportional gedämpft, während die den Wirkleistungstransport beschreibenden Feldanteile von E- und H-Feld in gleicher Weise nur proportional gedämpft werden; sie nähern sich schließlich einem konstanten Verhältnis, dem Feldwellenwiderstand [Ka06].
Der qualitative Verlauf des Betrages des Feldwellenwidertandes eines elektrischen und magnetischen Dipols ist in Abbildung 6 dargestellt.

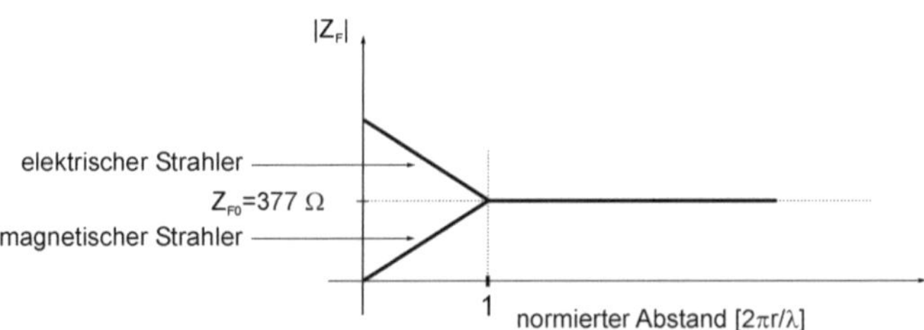

Abbildung 6: qualitative Darstellung des Betrages des Feldwellenwiderstandes im doppellogarithmischen Maßstab über den Abstand zum Strahler, [Sc96]

Die einfachsten Strahler, die geschlossen analytisch beschrieben werden können, sind der elektrische und der magnetische Elementarstrahler (Hertzscher und Fitzgeraldscher

Dipol) [Bl94]. Sie sind zwar nur ein mathematisches Konstrukt und werden als infinitesimal kleine Strahlungsquelle angenommen, trotzdem ist es möglich, die Betrachtung auf reale Strahler auszuweiten, wenn die Wellenlänge groß gegenüber der Ausdehnung des Strahlers ist [De03]. Es wird hier nur der Hertzsche Dipol beschrieben, da er die für diese Arbeit wichtigere Grundlage bildet. Der Fitzgeraldsche Dipol ist durch Analogiebetrachtungen daraus ableitbar [Bl94], [Ka06].

Der Hertzsche Dipol besteht aus zwei gegensätzlich geladenen pulsierenden Punktladungen Q und -Q, die sich in einem infinitesimal kleinen Abstand, wie in Abbildung 7 dargestellt, von einander befinden [Ka06], [He01]. Zwischen ihnen fließt ein Wechselstrom I. Der Betrachtungspunkt ist mit P bezeichnet, die Distanz vom Ursprung beträgt r, und die beiden Entfernungen von den Punktladungen zu P sind mit +r und -r beschriftet. Da das zu erwartende Feld im freien Raum rotationssymmetrisch bezüglich der z-Achse ist, gibt es nur eine Abhängigkeit des Winkels θ und des Abstands r.

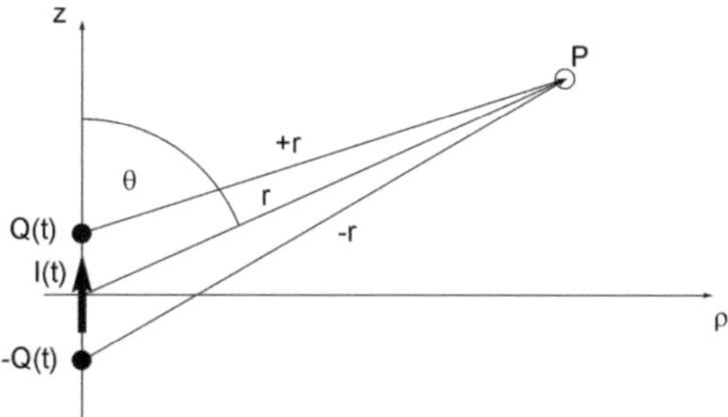

Abbildung 7: Hertzscher Dipol auf der z-Achse, [He01]

Es ergeben sich die analytischen Lösungen für die Feldstärken mit ihren Komponenten r, θ und ϕ (Kugelkoordinatensystem) [De03], [Si73]:

$$\boldsymbol{H}_{\phi}(\theta,\, r,\, t) = j\,\frac{\Delta I k}{4\pi}\left(\frac{1}{jkr^2} + \frac{1}{r}\right)\cdot \sin\theta \cdot e^{j(\omega t - kr)} \quad , \tag{34}$$

$$\boldsymbol{E}_{r}(\theta,\, r,\, t) = Z_{F_0}\,\frac{\Delta I}{2\pi}\left(\frac{1}{jkr^3} + \frac{1}{r^2}\right)\cdot \cos\theta \cdot e^{j(\omega t - kr)} \quad , \tag{35}$$

$$\boldsymbol{E}_{\theta}(\theta,\, r,\, t) = Z_{F_0}\,\frac{\Delta I k}{4\pi}\left(-\frac{1}{k^2 r^3} + \frac{1}{jkr^2} + \frac{1}{r}\right)\cdot \sin\theta \cdot e^{j(\omega t - kr)} \quad . \tag{36}$$

Alle weiteren Komponenten von E und H verschwinden aus Symmetriegründen. Die Dipollänge ist in den Formeln mit Δ gekennzeichnet. Die Wellenzahl ist k und r der Abstand zum Betrachtungspunkt. Der Freifeldwellenwiderstand ist mit Z_{F0} notiert.

Der reale, dem Hertzschen Dipol ähnliche Strahler ist die elektrisch kurze Linearantenne, wie in Abbildung 8 dargestellt. Ihre Länge ist wesentlich kleiner als die betrachtete Wellenlänge.

Die Stromverteilung wird als sinusförmige Halbwelle beschrieben [Zi95]: Der Wellenbauch der Amplitudenverteilung befindet sich am Speisepunkt, und die

Stromamplitude verschwindet jeweils an den Enden der Antennenarme. Das Strahlungsfeld entspricht angenähert dem des Hertzschen Dipols [Ka06].
Solche Stromverteilungen auf der leitenden Struktur einer Antenne sind unter bestimmten Vereinfachungen noch analytisch zu finden. Bei komplizierteren Geometrien muss allerdings auf numerische Verfahren zurückgegriffen werden, wovon die Momentenmethode (MoM) in Abschnitt 2.3 stellvertretend vorgestellt wird.

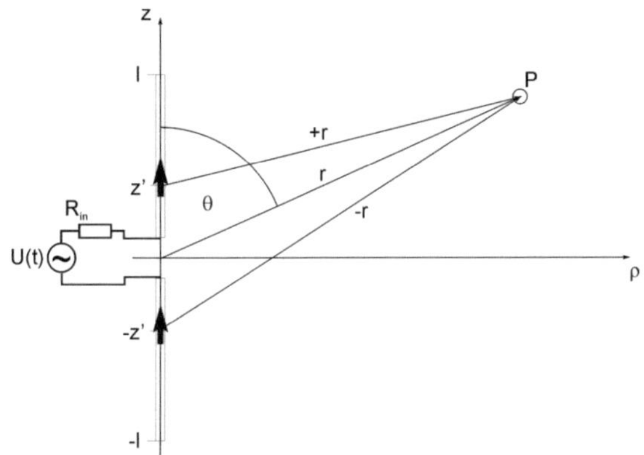

Abbildung 8: schematische Darstellung zur Berechnung des elektromagnetischen Feldes am Punkt P einer Linearantenne, [Ka06]

Ist die Stromverteilung analytisch bekannt, kann wieder auf die Lösungen des Hertzschen Dipols zurückgegriffen werden, wenn die abstrahlende Struktur als Überlagerung von Elementarstrahlern betrachtet wird [Ka06], [De03]. Bei Antennen, die auf oder über gut leitenden Ebenen platziert sind, kann die Feldberechnung über das Spiegelladungs- und -stromprinzip durchgeführt werden [De03], [Zi95].
Werden die Strahler noch komplexer, wird es immer schwieriger, eine analytische Beschreibung für die Feldausbreitung zu finden. Weiterhin ist eine genaue Zuordnung des Strahlers als elektrisch oder magnetisch bei beliebig komplexen Anordnungen nicht mehr möglich. Um den Strahler trotzdem in Bezug auf seine Feldausbreitung und elektrischen Eigenschaften beschreiben zu können, bedarf es numerischer oder messtechnischer Verfahren. Dabei wird der Strahler mit einfachen in der Praxis wichtigen charakteristischen Parametern so abstrahiert, dass spätere Berechnungen sehr einfach damit durchgeführt werden können.
Der Strahler wird dann als ein Zweipol aufgefasst, der, wie in Abbildung 9 dargestellt, die Eingangsimpedanz der Antenne am Fußpunkt beschreibt. Sie besteht im Allgemeinen aus dem Strahlungswiderstand R_S und einer parasitären Impedanz Z_P. Diese setzt sich wiederum aus den Leitungs- und dielektrischen Verlusten und im Allgemeinen aus einer Reaktanz X zusammen.
Die Richtcharakteristik eines Strahlers beschreibt die von ihm angeregte Wellenausbreitung in Bezug auf die Amplitude der Feldstärke in Abhängigkeit der Winkel θ und ϕ. Diese kann gemäß (37) mit Hilfe der normierten winkelabhängigen elektrischen Feldstärke beschrieben werden [Ka06].

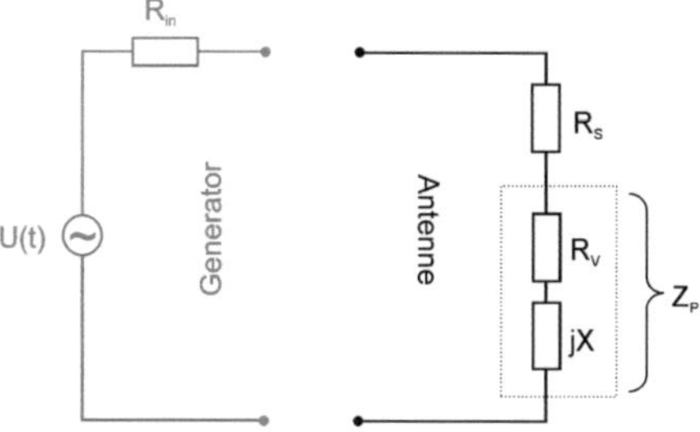

Abbildung 9: Antennenersatzschaltbild (Antennenfußpunkt mit Anschlussmöglichkeit an einen HF-Generator) mit Strahlungswiderstand und Verlustimpedanz, [Ka06]

$$C(\theta,\ \phi) = \frac{E(\theta,\ \phi)}{E_{\max}(\theta,\ \phi)} \tag{37}$$

Ein weiterer wichtiger Parameter zur Beschreibung der Strahlungsverteilung ist der Richtfaktor (38). Dieser gibt das Verhältnis des Maximums der Strahlungsleistungsdichte des betrachteten Strahlers in Bezug auf die Strahlungsleistungsdichte S_K eines isotropen Normstrahlers (Kugelstrahler) an [Ka06], [Zi95].

$$D = \frac{S_{\max}(\theta,\ \phi)}{S_K} \tag{38}$$

Sollen die Verluste der Antenne gemäß dem Ersatzschaltbild in Abbildung 9 berücksichtigt werden, so wird dieser Wert, der Antennengewinn, über (39) definiert [Ka06], [Zi95].

$$G = \eta D \tag{39}$$

Der Faktor η stellt die Effizienz des Strahlers dar und ist bei realen Antennen stets kleiner eins.

Analog zu den Leitungswellen gibt es auch bei den Feldwellen einen Reflexionsfaktor r_F. Gleichung (40) ist der Quotient aus hin- und rücklaufendem E-Feld, bzw. eine Funktion der verschiedenen Feldwellenwiderstände [De03].

$$r_F = \frac{\boldsymbol{E}_h}{\boldsymbol{E}_r} = \frac{Z_{F_1} - Z_{F_2}}{Z_{F_1} + Z_{F_2}} \tag{40}$$

Die betrachtete Welle läuft dabei von einem Medium mit dem Freifeldwellenwiderstand Z_{F1} in ein anderes mit dem Freifeldwellenwiderstand Z_{F2}.

2.2.2.1 Kurze Empfangsantennen - Feldsensoren

Um das elektromagnetische Feld an einem beliebigen Ort messtechnisch zu bestimmen, muss im Allgemeinen das elektrische sowie das magnetische Feld an diesem Punkt aufgenommen werden. Liegt der betrachtete Ort bereits im Fernfeld des Strahlers mit bekanntem Feldwellenwiderstand, genügt es, nur eines der beiden Felder zu kennen, da sich das andere rechnerisch ergibt.

Reine E- und H-Feldsensoren bestehen aus einer kondensator- bzw. spulenähnlichen Anordnung. Diese erzeugt in der korrespondierenden Feldart einen Verschiebungsstrom bzw. eine Induktionsspannung gemäß den Maxwellschen Gleichungen (1) und (2). Abbildung 10 zeigt den schematischen Aufbau eines E-Feld-Sensors mit seinem elektrischen Ersatzschaltbild. Die Darstellung gilt nur für elektrisch kleine Anordnungen, bei denen sämtliche Abmaße wesentlich kleiner als die betrachtete Wellenlänge sind. Der dargestellte Plattenkondensator mit der Fläche A befindet sich in einem elektrischen Wechselfeld mit der Verschiebungsstromdichte D. Der resultierende Verschiebungsstrom aus sich ändernder Verschiebungsdichte über der vom Feld durchsetzten Fläche A erzeugt an der Parallelschaltung aus Kondensator C und äußerem Messwiderstand R_L einen Spannungsabfall U.

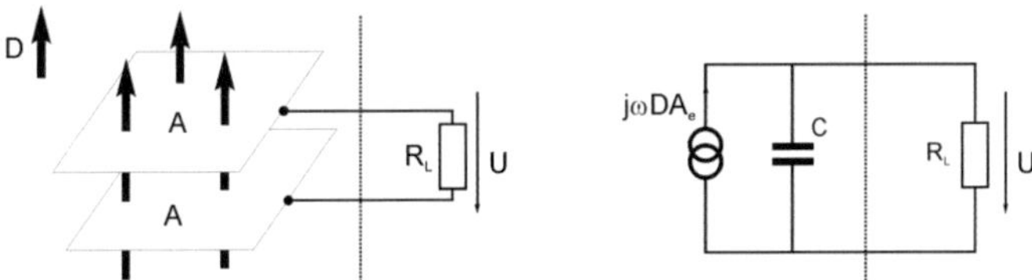

Abbildung 10: idealisierte Darstellung eines E-Feldsensors und sein Ersatzschaltbild, [Br96]

Dieser beträgt nach [Br96] bei harmonischer Zeitabhängigkeit des E-Feldes:

$$U(j\omega) = \frac{j\omega \cdot \varepsilon \cdot E \cdot A \cdot R_L}{j\omega \cdot C \cdot R_L + 1} . \tag{41}$$

Auch für einen elektrisch kleinen magnetischen Sensor kann analog ein ähnlicher Ausdruck gefunden werden.

Nur unter theoretischen Bedingungen wird der jeweilige Feldsensor nicht vom anderen Feldtyp beeinflusst. Diese Verkoppelung führt bei realen Sensorkonstruktionen zu Messfehlern, wenn sie nicht berücksichtigt werden. Der Effekt tritt allerdings beim H-Feld-Sensor konstruktionsbedingt stärker auf, so dass sich dieser nur für Feldmessungen im Fernfeld bei niedrigen Frequenzen eignet [Br96]. Aus diesem Grund werden nur E-Feld-Sensoren für Messungen in dieser Arbeit verwendet.

Für die Grenzfrequenz des Sensors gilt:

$$f_{gr(Sensor)} = \frac{1}{2\pi R_L C} , \tag{42}$$

wobei der Messwiderstand R_L bei gewöhnlichen Anwendungen der Innenwiderstand des Messgerätes ist, welcher in der Regel bei nicht gleichrichtenden Messaufnehmern 50 Ω beträgt. Die Grenzfrequenz ist von R_L und C abhängig. Da C über die Sensorstruktur (in der Zeichnung die Feldplatten) bestimmt ist und diese elektrisch klein sein muss, gibt es für die Kapazität C eine obere Grenze. Daraus folgt, dass eine niedrige Grenzfrequenz nur durch einen hohen Messwiderstand R_L erzielt werden kann. Bei aktiven Sensoren kann eine Impedanzanpassung an das Messsystem mittels Transimpedanzverstärker erreicht werden [Ti02].
Die Übertragungsfunktion in (41) kann für zwei Fälle bezüglich der Grenzfrequenz $f_{gr(Sensor)}$ als Näherung dargestellt werden: Für Frequenzen weit unterhalb (42) vereinfacht sich (41) nach [Br96], [Gi98] zu:

$$U(j\omega) = j\omega \cdot \varepsilon \cdot E \cdot A \cdot R_L. \qquad (43)$$

In diesem Frequenzbereich ist die Messspannung proportional zur zeitlichen Änderung des elektrischen Feldes. Für Frequenzen weit oberhalb der Grenzfrequenz vereinfacht sich (41) nach [Br96], [Gi98] zu:

$$U(j\omega) = \frac{\varepsilon \cdot E \cdot A}{C}. \qquad (44)$$

In Gleichung (44) liegt eine direkte Proportionalität zwischen und U und E vor. Im Bereich um die 3-dB-Grenzfrequenz $f_{gr(Sensor)}$ ist die Messspannung sowohl abhängig vom E-Feld, als auch von dessen zeitlicher Änderung, wie in Abbildung 11 zu erkennen ist.

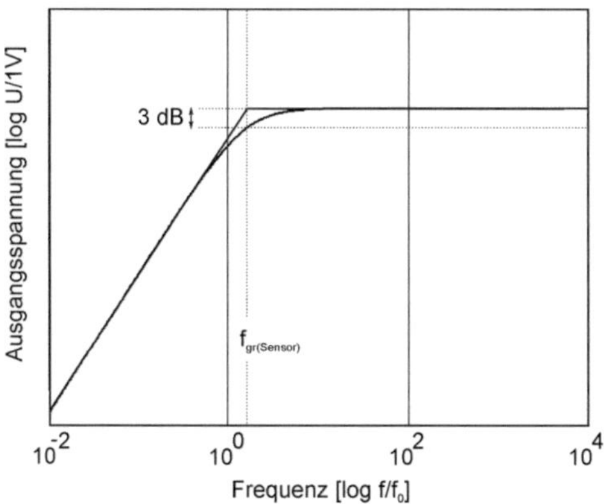

Abbildung 11: Frequenzgang eines elektrisch kurzen E-Feld-Sensors

Spezielle gleichrichtende Messsysteme wandeln U(jω) direkt am Antennenfußpunkt und übertragen dann ein Gleichsignal oder dessen digitalisierten Wert zum Empfänger. Dabei gehen die Frequenz- und Phaseninformation verloren. Aufgrund der Frequenzabhängigkeit der Übertragungsfunktion des Sensors im unteren Frequenzbereich ist die Kenntnis der Messfrequenz notwendig, um einer

Messspannung die entsprechende Feldstärke zuordnen zu können (in der Realität aufgrund der Welligkeit der Übertragungsfunktion im gesamten Frequenzband).
Sind die Sensorabmessungen nicht mehr elektrisch kurz, kann (41) nicht mehr verwendet werden, da dann auch induktive Effekte berücksichtigt werden müssen. Das System ist dann als Schwingkreis anzusehen und besitzt genau wie solcher Resonanzstellen, die sich über die Frequenz periodisch fortsetzen.
Dieser wiederkehrende Wechsel von differenzierendem, quasi-konstantem und integrierendem Bereich der Übertragungsfunktion erlaubt nur noch Messungen mit frequenzauflösenden Systemen.
Eine Art Übertragungsfunktion für Sensoren, die unabhängig von der Messumgebung ist, stellt der Antennenfaktor (45) dar [Sc96]:

$$A_F = \frac{U_0}{E}. \tag{45}$$

Dabei ist U_0 die Antennenfußpunktspannung am HF-Messwiderstand (typischerweise 50 Ω) für ein bestimmtes E-Feld, in dem sich die Antenne befindet.
Die Antennenwirkfläche A_w verknüpft in (46) bei einer Antenne die Leistungsdichte der einfallenden Welle mit der gemessenen Leistung am Antennenfußpunkt. Auch sie ist wie der Antennenfaktor antennenspezifisch und eine Funktion der Frequenz [Ka06], [Zi95].

$$P_E = A_W \cdot S \tag{46}$$

Um bei Messungen die Eigenschaft der Reziprozität ausnutzen zu können, muss gesichert sein, dass die Messungen in einem isotropen Medium stattfinden. Weiterhin müssen Sendeantenne (Messobjekt) und Empfangsantenne (E-Feldsensor) passiv sein [Zi95].

2.3 Numerische Feldberechnung - Momentenmethode

Der Kern des Simulations-Softwarepaketes CONCEPT basiert auf der von Harrington entwickelten Momentenmethode (MoM) [Ha93], [Co10]. Mit dieser numerischen Methode kann die Quellverteilung auf einer leitenden Struktur ermittelt werden. Damit ist es dann in einem weiteren Schritt möglich, über (13), (14) und (9) das gestreute E-Feld zu bestimmen [Br85]. Da (13) und (14) integro-differentielle Funtionale bezüglich der Stromverteilungsfunktion J sind, lässt sich das Streufeld aus (10) auch verkürzt in Operatorschreibweise (47) schreiben. Es handelt sich demzufolge um einen linearen integro-differentiellen Operator, womit ersichtlich wird, dass E_s linear von der Stromverteilung J auf der Struktur abhängt [Ge03].

$$E_s = L\{J\} \tag{47}$$

Das gesamte Feld setzt sich gemäß (48) aus einem gestreuten E_s und einem eingeprägten E_e Feld zusammen. Diese eingeprägte elektromotorische Kraft kann sowohl ein äußeres Feld (verteilt) oder eine Spannungsquelle (lokal begrenzt) sein [Le00].

$$E = E_e + E_s \qquad (48)$$

Um die Stromverteilung numerisch lösen zu können, wird die Struktur diskretisiert und J als eine Überlagerung wie in (49) von mit α_n gewichteten Basisfunktionen f_n angenommen. CONCEPT benutzt als Basisfunktionen für Linien- und Flächenstrukturen Dreieck- bzw. Satteldachfuntionen [Br85], [Ma92].

$$J = \sum_{n=1}^{N} \alpha_n f_n \qquad (49)$$

Mit der Randbedingung des elektrischen Feldes für ideal leitende Strukturen (EFIE: electric field intregral equation), wird verlangt, dass die Tangentialkomponente des E-Feldes auf der Struktur verschwindet [Ge03]:

$$E_{\tan} = 0. \qquad (50)$$

Analoge Randbedingungen lassen sich auch für das magnetische Feld definieren.
Über weitere Schritte ist es möglich, die Stromamplituden durch Lösen eines N-dimensionalen Gleichungssystems zu bestimmen, woraus sich dann bei Bedarf Feldverteilungen berechnen lassen [Br85]. Der Aufwand mit gängigen Verfahren (L/U-Zerlegung*) zur Lösung des Gleichungssystems steigt mit der dritten Potenz der Anzahl der Diskretisierungselemente [Le00]. Die Diskretisierung sollte dabei stets so gewählt werden, dass die Abmessungen der einzelnen Zellen klein gegenüber der betrachteten Wellenlänge ist, wobei λ/8 als Obergrenze anzusehen ist [Le00].

* Die L/U-Zerlegung wird in der Literatur auch als Gaußzerlegung bezeichnet und ist eine Methode zum Lösen eines linearen Gleichungssystems.

3 Messtechnik und Messsyteme

Bei der Messung von Feldverteilungen ist eine hohe Detailauflösung stets wünschenswert, da in vielen Fällen gerade diese eine spätere genaue Analyse überhaupt ermöglicht. Die hohe Anzahl von Messpunkten bei großen zu vermessenen Gebieten führt zwangsläufig auf die Automatisierung der Messung, um den Arbeitsaufwand erträglich zu halten [dA85].

Die zentrale Einheit der in der Arbeit entwickelten Messsysteme bildet ein PC, der den gesamten Ablauf steuert und überwacht. Er kommuniziert, wie in Abbildung 12 dargestellt, sowohl mit dem Positionierer (Roboter), als auch mit dem Messwertaufnehmer über Schnittstellen wie Ethernet, GPIB oder RS-232. Mit dem Messsystem ist man in der Lage, mit dem Roboter nach Benutzervorgaben einen Feldsensor im Raum zu positionieren und das Feld an diesen Punkten aufzunehmen.

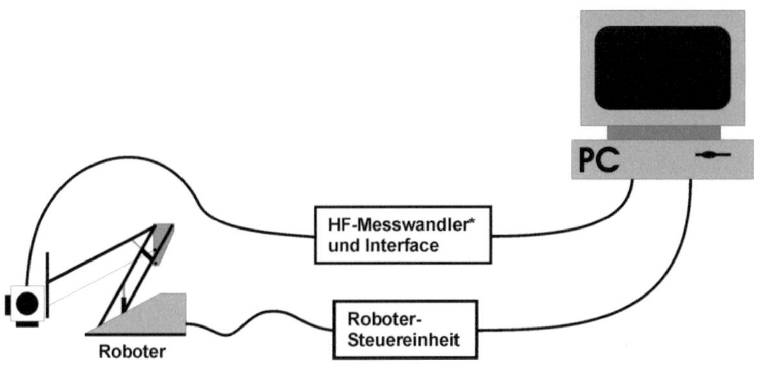

*Ist beim verwendeten intergrierenden Sensor schon im Messkopf enthalten

Abbildung 12: automatisiertes Messsystem bestehend aus einem PC, Feldsensor mit HF-Messwandler und Roboter mit Ansteuerungseinheit

3.1 Roboter

Im Rahmen dieser Arbeit entstanden verschiedene Roboter, die sich stark in ihrer Konstruktion unterscheiden. Insbesondere das Antriebs- und Positionierungskonzept sowie der Bewegungsraum ist bei jedem Roboter anders, was sie für bestimme Klassen der Feldvermessung spezialisiert.

3.1.1 Konstruktionsmaterialien

Um möglichst unverfälscht elektromagnetische Felder messen zu können, wurde bei der Konstruktion der Roboter besonders auf die Materialwahl geachtet. Die Grundüberlegungen dazu werden im Folgenden dargelegt:

Die elektromagnetische Welle breitet sich bei allen Felduntersuchungen in der Messumgebung zunächst in Luft (elektrische Materialparameter: μ_r=1, ε_r≈1 und κ≈0) aus. Eine Änderung dieser Parameterwerte am Ort der Messung (z.B. durch einen

Messaufbau) bedeutet eine Beeinflussung des zu messenden Feldes. Das zu bestimmende Feld kann auf zwei Arten beeinflusst werden:

- direkt:
  Die zu messenden elektromagnetischen Wellen werden an der Konstruktion reflektiert oder gebrochen, und es kommt zu einer Verzerrung des Feldes durch Überlagerung oder Brechung.

- Indirekt:
  Die Anwesenheit der mechanischen Komponenten beeinflusst die Wellenausbreitung in der Weise, dass sich die Randbedingungen des zu messenden Systems verändern, dieses geschieht besonders im Nahfeld eines Strahlers durch Änderung der Struktur und seiner elektrischen Parameter. Weiterhin kommt es zur Absorption der Welle.

Je nach Messbedingung (Messabstand, –frequenz und verwendete Materialien des Messaufbaus) können beide Arten der Beeinflussung parallel vorhanden sein.
Um die Feldverzerrungen durch die Gesamtkonstruktion (nicht nur der Konstruktionsteile in unmittelbarer Nähe des Sensors) so gering wie möglich zu halten, ist die Materialwahl bei der Konstruktion für wenig beeinträchtigte Messungen wichtig. In der folgenden Tabelle sind einige Materialien mit ihren elektrischen Parametern beispielhaft aufgeführt, die sich grundsätzlich zur Konstruktion von Mechanikelementen eignen und leicht beschaff- und bearbeitbar sind. Besonders gut leitfähige Materialien, wie Metalle, mit einem hohen κ können durch die dadurch bedingte Reflexion der Wellen zu Überlagerungen im Fernfeld und im Nahfeld zusätzlich zu einer Veränderung des Strahlers in seinem Frequenzgang und seiner Abstrahlcharakteristik führen [Ha06a].

Material	**κ**	**ε_r**	**μ_r**
Stahl, z.B. Reineisen	hoch	1	hoch
Aluminium	sehr hoch	1	≈ 1
Kunststoff, z.B. PMMA	sehr niedrig	niedrig	1
Holz, z.B. Kiefer	sehr niedrig	niedrig	1

Tabelle 1: Materialparameter κ, ε_r und μ_r verschiedener potentieller Konstruktionsmaterialien

Aus diesem Grund ist die Verwendung von metallischen Werkstoffen bei der Konstruktion zu vermeiden, was eine Verwendung von herkömmlichen Industrierobotern oder mechanische Standardkomponenten der Automatisierungstechnik unmöglich macht. Auch isolierende Medien mit $\kappa \approx 0$ führen nach (30) und (40) durch ein von 1 abweichendes ε_r und/oder μ_r zu Reflexion und Brechung der Welle und bei Anwesenheit im Nahfeld zu einer Veränderung der Antennencharakteristik.
Eine ganz andere Möglichkeit, die Wellenausbreitung durch die mechanischen Elemente unbeeinflusst zu lassen, besteht darin, diese soweit wie möglich außerhalb des Messraumes zu platzieren und die Kraftübertragung Antrieb/Roboterarm über Seilzüge, Achsen, pneumatische Kraftübertragung, etc. herzustellen. Dieses ist oft nur

bedingt machbar und hängt stark vom Messplatz und dem zu untersuchenden Messobjekt ab. Vergleichsweise einfach und wirkungsvoll lässt sich diese Methode in Messkabinen, wie z.B. in einer Absorberhalle oder GTEM-Zelle einsetzen. Auch bei der Freifeldmessung über einer leitenden Ebene, ist es möglich, den Messraum von der Mechanik abzugrenzen. Das beschränkt allerdings solche Roboter teilweise sehr auf den jeweiligen Messplatz mit einem festen Bewegungsraum, da diese eine Einheit bilden. Zusätzlich muss bei dieser Methode darauf geachtet werden, dass keine äußeren Felder, wie sie unter anderem durch Rund- und Mobilfunk auftreten, durch die mechanischen Durchführungen im Fall einer Messkabine in diese einkoppeln. Dieses ist speziell bei hoch empfindlichen Messungen gefordert. So müssen die Öffnungen, durch die z.B. eine mechanische Antriebswelle in den Messraum geführt wird, „elektromagnetisch abgedichtet" werden. Dieses verlangt eine gute elektrische Leitfähigkeit zwischen den beweglichen Elementen des Roboters und den metallischen Teilen der Messumgebung (z.B. der Außenwand einer GTEM-Zelle) [Ha06a], [Ha07b].
Eine weitere Möglichkeit zur Reduktion von Reflexionen, etc. ist die gewollte möglichst komplette Absorption der Welle an allen mechanischen Elementen. Für solche Zwecke werden in der HF-Technik Absorbermaterialien, wie Pyramidenabsorber oder Absorberkacheln benutzt. Diese weisen jedoch in der Regel keine hohe Bandbreite auf und sind auch bzgl. ihrer Qualität stark vom Einfallswinkel abhängig, was diese Methode für viele Messungen problematisch macht [Ho97], [DL96]. Wirksame Pyramidenabsorber besitzen für kleine Frequenzen recht große Abmessungen [Ho97], [DL96]. Zusätzlich wird durch die Absorption der Welle die Güte eines zu vermessenden Hohlraumresonators herabgesetzt, was die Messergebnisse beeinflusst.
Wie aus der Tabelle 1 bereits ersichtlich, eignen sich Polymere wie Kunststoffe und Holz für Konstruktionen, die aufgrund ihrer elektrischen Materialparameter das elektromagnetische Feld wenig beeinflussen. Die meisten Materialien aus dieser Werkstoffgruppe weisen eine relative Permeabilitätskonstante von 1 auf und unterscheiden sich nur in ihrer relativen Permittivitätskonstante. Jedes Medium ist zudem auch verlustbehaftet. Um die bei Polymeren auftretenden dielektrischen Verluste darzustellen, wird ε_r in komplexer Schreibweise notiert [Hi66]:

$$\underline{\varepsilon_r}(f) = \varepsilon_r'(f) - j\varepsilon_r''(f). \qquad (51)$$

Dabei beschreibt ε_r' die relative Permittivitätskonstante und ε_r'' die dielektrischen Verluste. Weiterhin wird allgemein eine Frequenzabhängigkeit beider Größen angenommen. Eine andere typische Schreibweise ist die Angabe des Verlustwinkels δ, wie in (52) notiert [Hi66].

$$\tan\delta(f) = \frac{\varepsilon_r''(f)}{\varepsilon_r'(f)} \qquad (52)$$

Die Abkürzungen der Kunststoffe, die folgend verwendet werden, sind in Tabelle 2 vermerkt.
In Abbildung 13 und Abbildung 14 sind die dielektrischen Eigenschaften verschiedener Kunststoffe und Hölzer dargestellt. Die Werte der Werkstoffe über die Frequenz (100 Hz bis 3 GHz) sind bei einer relativen Luftfeuchte von 60% und einer Temperatur von 20°C aufgezeichnet.

Material	Abkürzung
Polyethylen	PE
Polymethylmethacrylat	PMMA
Polytetrafluorethylen	PTFE
Polyvinylchlorid	PVC

Tabelle 2: Abkürzungen verschiedener Kunststoffe

Wie aus den Grafiken zu erkennen ist, besitzen Polymere wie Kunststoff oder Holz gute dielektrische Eigenschaften für eine geringe Feldbeeinflussung über ein breites Frequenzspektrum. In dieser Materialgruppe können auch geeignete mechanische Eigenschaften gefunden werden, was sie für die Roboterkonstruktion in dieser Arbeit zu idealen Materialien macht. Durch eine Erhöhung der Porosität (makroskopisch auch durch Lochung) kann die effektive relative Permeabilität noch weiter reduziert werden. Dieser Effekt ist in dem Kompositpolymer Holz schon in verschiedenen Graden von Natur aus gegeben.

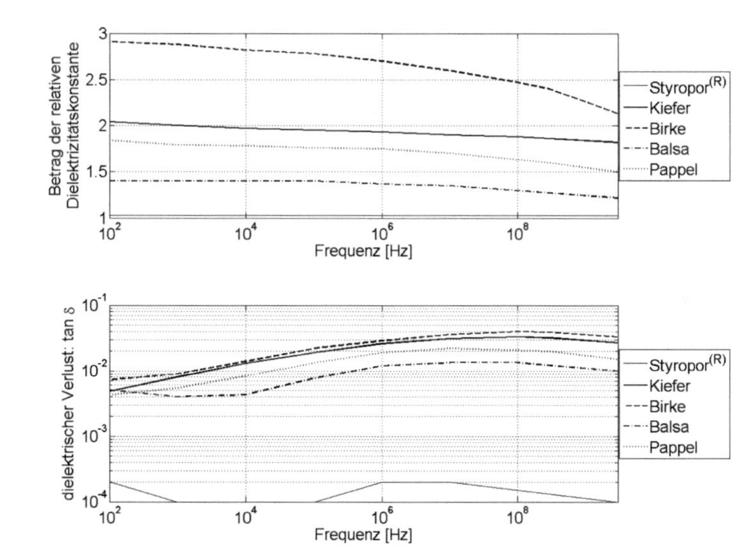

Abbildung 13: Betrag der relativen Dielektrizitätskonstante und Verlustwinkel verschiedener poröser Polymere, [Hi66]

Balsa-Holz und Styropor® wurden aufgrund ihrer unzureichenden mechanischen Eigenschaften nicht in der Konstruktion verwendet. Trotzdem sind sie wegen ihrer extremen Porositäten zum Vergleich in der Grafik aufgeführt.

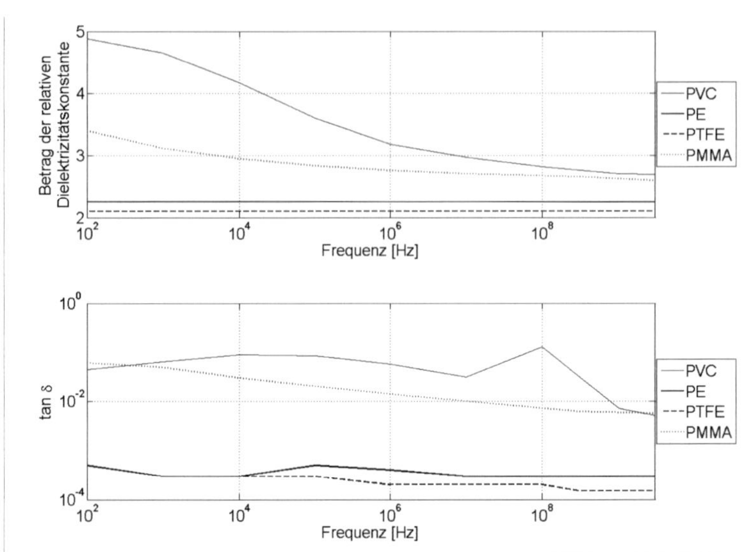

Abbildung 14: Betrag der relativen Dielektrizitätskonstante und Verlustwinkel verschiedener massiver Polymere, [Hi66]

Material	Zugfestigkeit [N/mm²]
Metalle, [Da97]	
Stahl	bis 2220
Messing (70%Cu 30%Zink)	303 bis 896
Aluminium (1100-O)	90
Kunststoffe, [Ma96]	
PMMA	55 bis 75
PTFE	7 bis 30
PVC (hart)	40 bis 75
PVC (weich)	6 bis 25
PE	7 bis 40
Hölzer (quer zur Faserrichtung), [Ho90]	
Birke	6,4
Kiefer	2,1 bis 3,2
Pappel	4

Tabelle 3: Zugfestigkeit verschiedener Materialien

Poröse Polymere weisen aufgrund ihres Gaseinschlusses mit $\varepsilon_r \approx 1$ eine niedrigere effektive relative Permittivität als ihr Basismaterial auf. Da solche Materialen, wie z.B. Hölzer besonders dazu neigen, die Luftfeuchte aufzunehmen, ist grundsätzlich eine diesbezügliche Abhängigkeit zu erwarten. In [Ha08a] konnte gezeigt werden, dass eine

Abhängigkeit der relativen Dielektrizitätskonstante von typischen Luftfeuchte-/Temperaturverhältnissen, wie sie in einer Messumgebung in Mitteleuropa herrschen, gering ist. Auch die weitere Abhängigkeit der Ausrichtung der nicht isotropen Kompositpolymere wie alle Hölzer, kann, wie in [Hi66] in Messreihen dargelegt, als untergeordnet betrachtet werden.
In Tabelle 3 sind die Zugfestigkeiten verschiedener Materialien aufgelistet. Gemäß (53) ist die Zugfestigkeit β_Z der Quotient aus maximaler Zugspannung σ_Z und dem ursprünglichen Querschnitt des Belastungsprüflings [Ho90]. Für Hölzer, die allgemein nicht als isotropes Material angesehen werden können, sind Werte für die Zugfestigkeit quer zur Faserrichtung angegeben. Sie sind stets geringer als die Zugfestigkeit parallel zu Faserrichtung und zeigen somit das Minimum der Zugfestigkeit des entsprechenden Materials [Ho90].

$$\beta_Z = \frac{\sigma_Z}{A}. \qquad (53)$$

3.1.2 Mechanik und Konstruktion

Die Robotik beschäftigt sich mit Arbeitsmaschinen, die durch steuernde oder regelnde Algorithmen in der Lage sind, automatisiert Prozesse auszuführen. Die VDI-Norm 2860 gibt folgende Definition von Industrierobotern [Br04]:

> „Industrieroboter sind universell einsetzbare Bewegungsautomaten mit mehreren Achsen, deren Bewegung hinsichtlich Bewegungsfolge und -wegen bzw. -winkeln frei programmierbar und ggf. sensorgeführt sind. Sie sind mit Greifern, Werkzeugen oder anderen Fertigungsmitteln (allgemein einem Effektor) ausrüstbar und können Handhabungsaufgaben- und/oder Fertigungsaufgaben ausführen.“

Je nach Einsatzgebiet gibt es spezielle Anforderungen an diese Maschinen und ihre Konstruktionsmaterialien, wie z.B. hohe mechanische Stabilität, Temperaturbeständigkeit, Witterungsbeständigkeit, etc. Die im Zusammenhang mit dieser Arbeit entwickelten Roboter haben als Einsatz die automatisierte Positionierung der E-Feldsensoren zur örtlich aufgelösten Bestimmung der Feldverteilung. Die Anforderungen an die verwendeten Roboter sind daher eine schnelle und präzise Positionierung, eine hohe örtliche Auflösung der anfahrbaren Positionen sowie eine besonders geringe elektromagnetische Beeinflussung des zu messenden Feldes.
Die in dieser Arbeit entwickelten Roboter können als Systeme verschiedener Komponenten aufgefasst werden. Diese lassen sich grundsätzlich wie folgt unterteilen:

- passive mechanische Konstruktionselemente, wie Arme, Gelenke, Wellen, Schienen, etc.
- Sensorik zur Positionsbestimmung
- Aktuatorik für den Antrieb der mechanischen Konstruktion.

Die mechanischen Konstruktionselemente bestimmen den Bewegungsraum. Im Dreidimensionalen gibt es sechs mechanische Freiheitsgrade, drei translatorische

(Positionierung) und drei rotatorische (Ausrichtung). Die letzten führen bei realen Systemen auch zu translatorischen Bewegungen, sobald der betrachtete Punkt sich nicht auf der Drehachse befindet. Dieses kann ein gewollter oder ungewollter Nebeneffekt sein.

Über die Freiheitsgrade, die durch die Antriebe primär beeinflusst werden sollen, lassen sich Industrieroboter mit ihren Bewegungselementen einer der folgenden vier Grundkonfigurationen zuordnen oder als Mischung eben dieser begreifen [Gr87]:

- Konfigurationen mit kartesischen Koordinaten (x, y, z)
- Konfigurationen mit Kugelkoordinaten (ϕ, θ, r)
- Konfigurationen mit Zylinderkoordinaten (ϕ, r, z)
- Konfigurationen mit Gelenkarm (α, β, γ).

Mit diesen Konfigurationen (die angegebenen Koordinaten sind die üblichen Notationen in mathematischer bzw. technischer Standardliteratur; die Bewegungsrichtungen sind in Abbildung 15 grafisch verdeutlicht) ist es möglich, den Feldsensor im jeweiligen Bewegungsraum zu positionieren und auszurichten.

Wie oben bereits erwähnt, ist es bei vielen Messanwendungen unumgänglich, dass sich ein großer Teil der positionierenden Konstruktion mit im Messraum befindet. Somit ist es nötig, dass bei der Wahl der mechanischen Konstruktionselemente sowie bei der Aktuatorik und Sensorik besonders auf die elektromagnetischen Eigenschaften der Materialien geachtet wird.

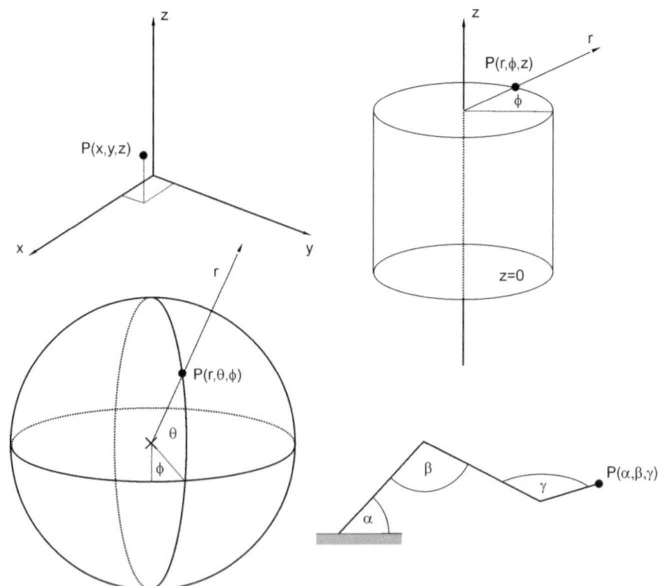

Abbildung 15: die vier Grundkonfigurationen und ihre entsprechenden Koordinatensysteme: oben links: kartesischen Koordinaten; oben rechts Zylinderkoordinaten; unten links: Kugelkoordinaten; unten rechts: Gelenkarm

Im Zuge dieser Arbeit wurden drei unterschiedliche Roboter entwickelt und gebaut, die sich in ihrem Bewegungsraum, ihrer Einsatzmöglichkeit und ihrem mechanischen Aufbau stark unterscheiden. Dabei wurden bewusst verschiedene Antriebskonzepte verwendet, um ihre Leistungsfähigkeit in der automatisierten HF-Messtechnik zu untersuchen. In Tabelle 4 sind die drei Roboter stichpunktartig beschrieben; die Art der Aktuatorik bezieht sich auf die direkt den Roboter antreibenden Elemente.
Im Allgemeinen fordert jede Messaufgabe spezielle Bewegungsräume. Dabei sind jedoch einige von ganz besonderer Bedeutung und für vielfältige Messaufgaben nutzbar: Zur Messung elektromagnetischer Feldverteilungen von Strahlungsfeldern sind z.B. das kartesische Koordinatensystem (x, y und z) sowie das Kugelkoordinatensystem (θ, ϕ und r) besonders geeignet (beides auch ggf. mit reduzierten Koordinaten).
Das Kugelkoordinatensystem ist immer dann von besonderem Interesse, wenn es um die Messung von Strahlerkonfigurationen geht, deren Quelle noch als punktförmig anzusehen ist und somit von der Abstrahlung einer Kugelwelle ausgegangen wird. Dann kann die Symmetrie in der Abstrahlcharakteristik ausgenutzt und der Zeitaufwand durch das Positionsanfahren deutlich reduziert werden. Auch die Feldmessung an der jeweiligen Messposition kann bei günstiger Wahl der Bewegungskoordinaten und damit der Sensorausrichtung reduziert werden, besonders, wenn örtlich vektoriell gemessen wird und eine oder mehrere Komponenten aufgrund der Ausrichtung verschwinden.

	Koordinaten des Bewegungsraums	**Aktuatorik**	**Sensorik**	**Basiskonstruktionsmaterial**
Roboter 1 (pneumatisch)	x, y	Pneumatik	Photodetektoren (außerhalb des Messraumes)	Holz und Kunststoff
Roboter 2 (hydraulisch)	$(\phi_1, \theta) \rightarrow \phi_2$ *	Hydraulik (Öl)	Drucksensoren (außerhalb des Messraumes)	Holz und Kunststoff
Roboter 3 (elektrisch)	ϕ, θ, r	elektrischer Antrieb (außerhalb des Messraumes)	Photodetektoren (außerhalb des Messraumes)	Holz, Kunststoff und Metall (außerhalb des Messraumes)

Tabelle 4: Vergleich der verschiedenen Roboter in Bezug auf ihre Konstruktion; Roboter 2 besitzt eine Mischkonfiguration aus zwei seriell wirkenden reduzierten Kugelkoordinatensystemen

Wie im Grundlagenkapitel bereits beschrieben, ist die Kopplungen zwischen dem Messobjekt und dem Sensor reziprok, wenn letzterer ein passives Element ist. Somit ist es prinzipiell unerheblich, ob das Messobjekt oder der Messkopf zur örtlich aufgelösten Messwertgewinnung bewegt wird. Die Entscheidung fällt dann zu Gunsten der mechanisch einfacheren Variante, z.B. aufgrund der HF-Verkabelung oder der zu bewegenden Masse.
In den folgenden drei Unterkapiteln werden die in dieser Arbeit entstandenen Roboter detailliert beschrieben.

* Das erste reduzierte Kugelkoordinatensystem besitzt konstanten Radius, das zweite seriell dazu wirkende reduzierte Kugelkoordinatensystem besitzt nur einen Rotationsfreiheitsgrad.

3.1.2.1 Roboter 1 - Positionierer mit pneumatischem Antrieb

Dieser Roboter besteht, wie in Abbildung 16 zu sehen ist, aus zwei seriellen Gelenken, die jeweils als Parallelogramm ausgeführt sind [Ha07a], [Ha08b], [Ha08d], [Ha08e]. Damit kann ein am Ende befestigter Sensorkopf in kartesischen Koordinaten (x und y) bewegt werden. Der Antrieb der beiden Drehachsen erfolgt über pneumatisch betriebene Zylinder, die über starke Gummibänder vorgespannt sind und so ihre Hauptrückstellkraft erfahren. Die gesamte passive Konstruktion ist aus Holz (Pappel, Birke und Kiefer) gefertigt und besteht aus einer Plattform als Basis und den beiden beweglichen Armen, an deren Ende eine vertikale Schiene befestigt ist. Diese Schiene ermöglicht die in der Höhe variable Montage für einen beliebigen Messkopf. Zusätzlich besteht sie aus einem porösen Holz, welches zudem in extremer Leichtbauweise konstruiert wurde, um Feldverzerrungen durch die Anwesenheit von Material nahe dem Sensor so gering wie möglich zu halten. Die Zylinder, Kolben, Achsen, Winkelsensoren und Pneumatikzuleitungen bestehen aus Kunststoff (PE, PMMA und PVC). Jeder Gelenkarm hat eine Länge von 80 cm. Daraus ergibt sich eine minimale Höhe der Gesamtkonstruktion von ca. 100 cm. Der Winkelbereich der Gelenkarme um ihre Nulllage (erstes Glied (α) 0° zur Senkrechten, zweites Glied (β) 90° zur Senkrechten) beträgt ±30°. Der damit ermöglichte Bewegungsraum ist in Abbildung 16 dargestellt.

Die Messung der Winkel der Gelenkarme erfolgt über Kunststofflichtschranken, wobei das Licht mit Lichtleitern zu und abgeführt wird, um metallische Bauelemente am Ort des Roboters zu vermeiden. Die jeweils zwei Lichtschranken registrieren die bei einer Drehbewegung der Achsen vorbeilaufenden Hell-Dunkelmarkierungen der Kunststoff-Inkrementalgeberscheibe. Mittels Quadratursignalen kann auch die Bewegungsrichtung festgestellt werden, was für die Regelung der Positionierung unerlässlich ist. Die Winkelgenauigkeit jedes Gelenkes beträgt ±0.25°. Daraus ergibt sich im Arbeitsraum ein maximaler Positionsfehler von:

- Δx=7 mm
- Δy=7 mm.

Der Roboter wurde für Messungen in der vertikalen Ebene konzipiert, kann aber, mit Gleitfüßen ausgerüstet, seine Bewegungen auch auf einer horizontalen hochglatten Ebene ausführen. In diesem Fall müssen die Rückstellgummibänder in ihrer Stärke angepasst werden, da die Schwerkraft orthogonal zu den Bewegungskoordinaten wirkt.

Die zentrale Steuer-/Regeleinheit befindet sich außerhalb des Messraumes und besteht aus einem Mikroprozessor, der mit einem PC bidirektional kommunizieren kann, die Stellgrößen nach einem speziellen Algorithmus berechnet und zwei Piezo-Proportionalventile ansteuert sowie die Signale der Lichtschranken auswertet. Das Kalibrieren der Gelenke zum Finden ihrer Nullposition geschieht über eine völlige Entleerung beider Zylinder über einen längeren Zeitraum, in dem anzunehmen ist, dass die Rückstellkräfte (Gummibänder) die beiden Gelenkarme auf eine mechanisch definierte Position zurückbewegt haben (Nullposition durch mechanischen Anschlag). Der Luftdruck (3-4 bar) für den Antrieb wird dem System extern zugeführt; die Schläuche dafür bestehen aus PE.

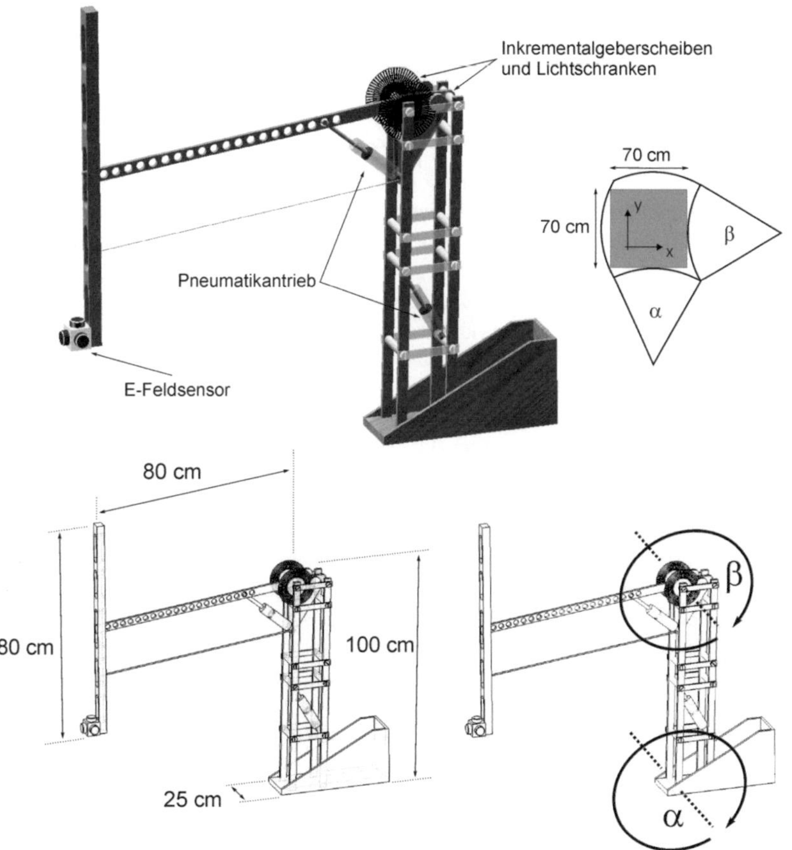

Abbildung 16: pneumatisch angetriebener 2-Achsroboter zur Positionierung eines Messsensors in der Ebene; oben links: fotoreale Ansicht der Konstruktion; oben rechts: nutzbarer rechteckiger Bewegungsraum in Abhängigkeit der Winkelauslenkung von α und β; unten links: Abmessungen des Roboters; unten rechts: Antriebsachsen des Roboters

Die Kommunikation mit dem PC erfolgt über eine RS-232-Schnittstelle. Dabei sendet der PC Winkelpositionsbefehle für das jeweilige Gelenk, bekommt diese bei Erhalt quittiert und erhält nach Erreichen der Position in einem gewissen vorher definierten Toleranzband für den Winkel die tatsächlich erreichte Winkelposition. Dadurch lässt sich bei diesem recht kompliziert zu regelnden System (stark nichtlinear) eine sehr schnelle Positionierung erlangen, die zwar eventuell nicht exakt die gewünschte Position trifft, jedoch die erreichte Position zurückmeldet, so dass dieses in der Auswertungssoftware berücksichtig werden kann. Weitere Kommunikationsbefehle gibt es für die Festlegung des Toleranzbandes, der maximal zulässigen Zeitspanne, in der eine Positionierung stattgefunden haben muss sowie für das Zurücksetzen des Systems auf eine definierte Ausgangsposition.

Die Dauer zum Anfahren eines Punktes liegt je nach Punktabstand und zulässigem Winkeltoleranzband bei ungefähr 0,5 s bis 3 s, wobei diese Zeiten als untere und obere zu erwartende Positionierungszeiten anzunehmen sind; die durchschnittliche Positionierungszeit liegt im unteren Bereich davon.

3.1.2.2 Roboter 2 - Positionierer mit hydraulischem Antrieb

Dieser Roboter besitzt drei Gelenke $((\phi_1, \theta) \rightarrow \phi_2)$, die es erlauben, ein an ihm befestigtes Messobjekt in beliebe Ausrichtung zu bringen [Ha08c]. Mechanisch besteht er, wie es Abbildung 17 zeigt, aus zwei seriellen Einheiten mit den Winkeln ϕ_1 und θ (radiusfixe Kugelkoordinaten) und seriell dazu ϕ_2, das eine weitere Drehbewegung erlaubt. Über die Gelenke ϕ_1=0°..360° und θ=0°..90° kann eine Halbkugeloberfläche abgefahren werden. Auf dieser kann über den Winkel ϕ_2=0°..360° eine beliebige Ausrichtung tangential auf dieser Halbkugeloberfläche (in der Antennentechnik: Polarizationswinkel) erzielt werden. Das Gelenk um die Achse ϕ_2 ist mit einer Aufnahme für ein Messobjekt (z.B. Antenne, PCB, etc.) ausgestattet. Da es in dieser Konstruktion nicht möglich ist, das Messobjekt im Schnittpunkt aller drei Drehachsen zu montieren, führen Rotationen zu nicht vernachlässigbaren Translationen, so dass diese bei einer Messung ggf. beachtet werden müssen. Alle Gelenke werden mit Hilfe von Hydraulikzylindern angetrieben. Die Gelenke der Winkel ϕ_1 und ϕ_2 sind identisch aufgebaut. Ihr Antrieb erfolgt über die Linearbewegung eines Kolbens, der mit einer Zahnstange bestückt ist. Diese überträgt die Bewegung auf ein Zahnrad, so dass es zu einer Rotation kommt, die proportional zum Zylinderhub ist. Um einen bidirektionalen Antrieb ohne Rückstellfeder zu gewährleisten, greift ein zweiter baugleicher Zylinder über eine Zahnstange 180° versetzt in das jeweilige Zahnrad, dessen Bewegung gegensätzlich zum ersten Zylinder verläuft. Somit ist es möglich, Rechts- und Linkslauf durch Druckaufbau in den jeweiligen Zylindern zu erreichen.
Um Schlupf zu vermeiden, bzw. zu minimieren, sind die Zylinder gegeneinander verspannt. Dieses wird durch eine Erhöhung des Druckes in einem der Zylinder relativ zu andern bei gleichzeitig starrer mechanischer Kopplung erreicht. Das Gelenk mit dem Winkel θ wird ebenfalls mittels eines Hydraulikzylinders bewegt. Die Kraftübertragung ist hier direkt, was zu einer nicht proportionalen Auslenkung führt. In der Konstruktion wurde durch geeignete Wahl der Aufhängung des Zylinders darauf geachtet, dass sich der Arbeitsbereich fern eines mechanischen Todpunktes befindet und die Zylinderauslenkung und die damit verbundene Winkeländerung in einem günstigen Verhältnis stehen.
Die Konstruktion besteht größtenteils aus Birke und PMMA; einzelne Gleitlagerelemente sind aus PTFE gefertigt. Für die Hydraulikzuleitungen wurde PE als Material gewählt. Die Hydraulikpumpen für die Zylinder sind elektrisch über schrittgesteuerte Motoren angetriebenen und befinden sich außerhalb des Messraumes in einem Gehäuse zusammen mit der Steuereinheit. Jedes Hydrauliksystem für die verschiedenen Gelenke besitzt, wie in Abbildung 17 gezeigt, einen eigenen Drucksensor, welcher den Hydraulikdruck an den µC, die Steuereinheit, liefert. Die Positionierung erfolgt über eine Steuerung auf der Basis von zuvor gewonnenen Kalibrierdaten. Bei einer Kalibrierung wird der entsprechende Zylinder mittels Pumpe entleert, bis dieser seinen mechanischen Endpunkt erreicht hat. Dieser Vorgang geschieht unter ständigem Überwachen des Druckes, der genau dann stark einbricht.

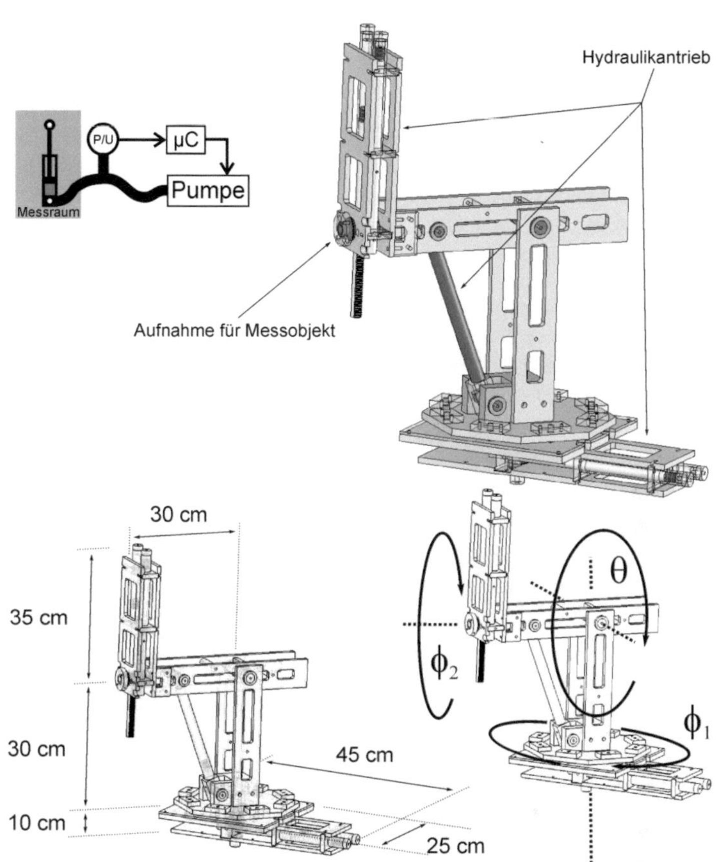

Abbildung 17: hydraulisch angetriebener 3-Achsroboter zur Ausrichtung eines Messobjektes mittels reduzierten Kugelkoordinaten mit beliebiger tangentialer Ausrichtung; oben links: schematische Darstellung des Hydrauliksystems mit Druckmessung; oben rechts: fotoreale Ansicht der Konstruktion; unten links: Abmessungen des Roboters; unten rechts: Antriebsachsen des Roboters

Nun wird der Zylinder vollständig befüllt, bis er an seinem diametralen Anschlag angelangt ist und der Druck stark ansteigt. Aufgrund der Kompressibilität weist die dabei aufgenommene Messkurve des Druckes eine Hysterese auf. Sie wird abgespeichert und dient dem Algorithmus bei der späteren Positionierung als Grundlage. Sie ist systemspezifisch in Bezug auf das betreffende Hydrauliksubsystem und muss nur dann erneuert werden, wenn sich Änderungen ergeben, wie z.B. durch Leckage und damit verbundene Lufteinschlüsse, Veränderung der Reibkräfte (Lager, Zylinderdichtungen, etc.). Einen starken Einfluss auf die Kalibrierparameter besitzt auch das zu bewegende Messobjekt. Es sollten besonders schwere Prüflinge oder eine exzentrische Befestigung dieser vermieden werden. Bei der Positionsansteuerung wird grundlegend davon ausgegangen, dass das Kontinuitätsprinzip in Bezug auf den

Antriebs- und Arbeitszylinder gilt. Auftretender Kompressibilität (Lufteinschlüsse, Schlauchdehnung, etc.) und Haftreibung wird mittels der Kalibrierdaten in der Positionssteuerung entgegengewirkt.
Die Zentrale Steuerung übernimmt ein µC, der wahlweise über eine RS-232- oder LAN-Schnittstelle mit einem PC verbunden ist. Er steuert die Pumpen (Antriebszylinder), die volumengenau Öl in das System injizieren können. Da es sich um eine Steuerung dieses sehr langsam einschwingenden Systems handelt, muss nach jeder Stellgrößenänderung eine definierte Zeit gewartet werden, um davon ausgehen zu können, dass das Gelenk seine Endausrichtung erreicht hat. Das bidirektionale Kommunikationsprotokoll zwischen dem PC und der Steuereinheit umfasst Kommandos zum Ändern der drei Winkel, zur Kalibrierung und zur Initialisierung. Alle Befehle werden an den PC rückbestätigt.
Die Positioniergenauigkeit hängt stark von der Systemsteifigkeit ab und von der Güte der Kalibrierung. Die Positionierabweichung des θ-Gelenkes ist zudem winkelabhängig. Diese Eigenschaft weisen die beiden anderen Gelenke bei nichtexzentrischen Lasten nicht auf. Testmessungen der Positionsgenauigkeit haben folgende maximale Winkelfehler ergeben:

- $\Delta\phi_1=1°$
- $\Delta\theta=1{,}5°$
- $\Delta\phi_2=1°$.

Die Zeit, die das System zum Anfahren verschiedener Winkelausrichtungen benötigt, summiert sich für die verschiedenen Gelenke, da die Ansteuerung sequentiell erfolgt. Die grobe Dauer der Positionierung jeder der drei Gelenke liegt bei ca. 0,5 s mit zusätzlich 0,1 s pro Grad Winkeländerung.

3.1.2.3 Roboter 3 - Positionierer mit elektrischem Antrieb

Der in Abbildung 18 gezeigte Roboter besitzt drei Antriebe: zwei rotatorische (ϕ und θ) und einen linearen Antrieb (r) [Ha06a], [Ha06b]. Damit ist es möglich, einen am Linearantrieb befestigten Messkopf in Kugelkoordinaten zu bewegen. Die Basis der Konstruktion bildet eine Kupferplatte, die auf einer Holzbasis aufgebracht ist. Die ϕ-Achse (ϕ=0°..360°) der Konstruktion besteht aus einer drehbar kugelgelagerten Kupferscheibe, die bündig in die restliche Platte eingelassen ist. Der Antrieb erfolgt schrittgesteuert elektrisch über einen Zahnkranz unterhalb der auf einer Holzbasis montierten Kupferscheibe. Auch die θ-Achse (θ=0°..90°), die in der Kupferebene verläuft und die ϕ-Achse schneidet, ist elektrisch angetrieben. Der Antrieb erfolgt über ein großes Kunststoffzahnrad (Ø=25 cm), in welches ein Schneckenantrieb mit schrittgesteuertem Motor greift. Diese Konstruktionsweise gewährleistet Selbsthemmung, und durch den großen Durchmesser des Zahnrades können sämtliche metallischen Komponenten (Motor, Sensoren, Verkabelung, etc.) weit unterhalb der Kupferebene angeordnet werden. Die Konstruktionselemente oberhalb der Kupferplatte bestehen aus Holz* (Pappel und Kiefer) und Kunststoff (PMMA, PTFE, PE und PVC).

* teilweise mit Glasfasermatten verstärkt

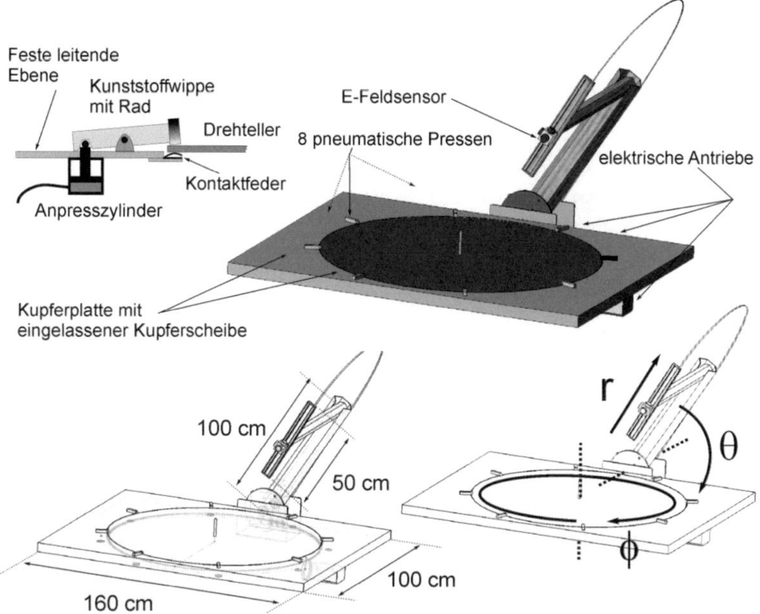

Abbildung 18: elektrisch angetriebener 3-Achsroboter; oben links: schematische Darstellung der pneumatischen Pressen zur Kontaktierung der Kupferscheibe mit der restlichen Kupferplatte; oben rechts: fotoreale Ansicht der Konstruktion; unten links: Abmessungen des Roboters; unten rechts: Antriebsachsen des Roboters

Der am Zahnrad befestigte kunststoffgelagerte Messarm ist in extremer Leichtbauweise aus Holz gefertigt. Die teilweise zusätzliche Glasfaserarmierung führt zu hoher Steifigkeit des Messarmes und erlaubt so eine schnelle Positionierung mit sehr geringem Nachschwingen des Armes.

An dieser L-förmigen Konstruktion des Armes ist für die r-Achse, eine Schiene aus Kunststoff und Holz befestigt, in welcher der Messkopf linear bewegt werden kann. Sein Antrieb erfolgt über zwei Kunststoffbowdenzüge, die von derselben schrittmotorbetriebenen Trommel antidirektional unterhalb der Kupferplatte angetrieben werden. Durch genügende Verspannung der Seile gegeneinander kann Hysterese in der Seil- und Messkopfbewegung stark unterdrückt werden. Um einen Hystereseverlauf bei der Positionierung noch weiter zu verringern, werden alle Positionen für die r-Achse nach der Nullung nur von der Seite angefahren, in der auch die Nullung durchgeführt wurde. Diese Nullposition wird, genau wie beim θ-Achsenantrieb, mittels Endschalter gefunden, welcher auch über einen Kunststoffbowdenzug das mechanische Signal weiter an einen elektrischen Schalter unterhalb der Kupferplatte überträgt. Der Messkopf kann auf seiner Schiene über 40 cm bewegt werden. Da die Kunststoff-/Holzschiene variabel an dem L-förmigen Messarm montiert werden kann, beträgt die mögliche Distanz des Messkopfes zum Zentrum r=30..140 cm.

Bei der Verwendung eines Messkopfes mit drei orthogonalen Sensoren wird dieser typischerweise so befestigt, dass seine drei Achsen parallel bzw. tangential zu ϕ, θ und

r verlaufen. Dadurch können bei Messungen Symmetrien ausgenutzt werden, die ggf. zu reduziertem Aufwand in der Messdatenverarbeitung führen.
Das Messobjekt befindet sich für Standard-Abstrahlungsmessungen im Zentrum der Drehplatte, damit sich der Sensor für diesen Prüfling in Kugelkoordinaten bewegt. Die Kupferplatte ist bei allen Messungen fester Bestandteil der Messumgebung. Das heißt, dass die Messungen „über leitender Ebene" durchgeführt werden. Sie kann grundsätzlich für Spezialmessungen entfernt werden, dann ist jedoch keine Abgrenzung der darunter liegenden Mechanik von der Wellenausbreitung möglich, und es kommt zu Störungen in der Feldausbreitung. Für Messungen im Nahfeld des Prüflings ist es besonders wichtig, dass die Kupferplatte über die Grenzen des Nahfeldes hinausreicht [Ha06a]. Damit Messungen über leitender Ebene nicht auf den Radius des Drehtellers (Durchmesser: 90 cm) beschränkt sind, bewegt sich dieser, wie bereits erwähnt, innerhalb einer dafür ausgesparten Kupferplatte, mit der dieser über Federkontakte großflächig verbunden ist. Somit ist es leicht möglich, die feststehende Kupferplatte durch Anbauten zu vergrößern oder ihre Form zu verändern, ohne an dem eigentlichen Roboter Veränderungen vornehmen zu müssen. Um eine sehr gute Kontaktierung zwischen dem statischen und beweglichen Teil der Kupferplatte zu gewährleisten, wird die drehbare Kupferscheibe von acht Kunststoffpressen, wie in Abbildung 18 gezeigt, mit je 125 N pneumatisch auf die Kontaktleisten gepresst. Da unter diesem Anpressdruck der Antrieb der ϕ-Achse keine Bewegung durchführen kann, ist dieser beim Verfahren abgestellt. Die Positionierungsgenauigkeit des Systems liegt bei:

- $\Delta\phi$ =0,25°
- $\Delta\theta$=0,5°
- Δr=3 mm.

Die Ansteuerung der Elektromotoren sowie des Druckluftventils für die pneumatischen Pressen übernimmt ein µC, der wahlweise über eine RS-232- oder LAN-Schnittstelle mit einem PC verbunden ist. Dort werden die Schrittmotoren und das Pneumatikventil angesteuert sowie die Endschaltersignale verarbeitet. Die Kommunikationsbefehle über den PC beinhalten, wie auch bei den vorherigen Systemen, Befehle zum Positionsanfahren, zum Anfahren einer Nullposition, zum Zurücksetzen und zum Ein- und Ausschalten des Druckluftventils. Alle vom PC übergebenen Kommandos werden quittiert und die erreichte Position ggf. zurückgesendet. Auch bei diesem System summieren sich die Zeiten zum Anfahren der Positionen der drei Koordinaten, da die Ansteuerung sequentiell erfolgt. Die Dauer der Positionierung jeder der drei Achsen liegt bei ca. 0,1 s pro Grad Winkeländerung bzw. pro 5 mm Wegänderung.

3.1.3 Software

Die Software für alle drei Systeme wurde jeweils in der Skriptsprache von MATLAB® programmiert. Es wurden grafische Oberflächen erstellt, mit denen eine komfortable Eingabe der Messparameter möglich ist. Dazu gehören die Diskretisierung des Messraumes für die Positionierungen, ggf. eine Festlegung der Positioniergenauigkeit sowie die Wahl des HF-Messsystems und ggf. des HF-Generators. Weiter können Parameter wie Frequenzmesspunkte, Generatorleistung, Einschwingzeit, etc. vorgegeben werden. Nach Starten des Messvorgangs läuft dieser vom PC gesteuert vollautomatisch: Positionen werden sequentiell angefahren und die Messwerte übertragen. Nach Beendigung werden die Daten abgespeichert und stehen zur Weiterverarbeitung z.B. mit MATLAB® zur Verfügung. Auch die Programme zur Auswertung und grafischen Anzeige der Daten wurden in dieser Skriptsprache programmiert.

3.2 Feldmesssysteme

In dieser Arbeit wurden nur elektrische Feldsensoren benutzt, welche sich in zwei Kategorien einteilen lassen: Gleichrichtende und frequenzaufgelöste Messsysteme. Das hier verwendete gleichrichtende System (RadiSense®) nimmt das Hochfrequenzsignal über kurze elektrische Antennen auf [DA05]. Die anschließende Gleichrichtung und die digitale Kodierung geschehen direkt im Messkopf, von dem aus sie über eine Glasfaserleitung zur Basisstation geleitet werden. Diese stellt dann über eine RS-232- oder GPIB-Schnittstelle die Daten für eine digitale Weiterverarbeitung mit dem PC zur Verfügung. Auch die Energieversorgung des Sensorkopfes ist optisch über eine weitere Glasfaser realisiert, so dass mit dem Sensorkopf störungsarm und zeitunbegrenzt gemessen werden kann. Aufgrund der Gleichrichtung im Sensorkopf geht die Phaseninformation des Feldes verloren, und der Messwert ist proportional (von konstantem Übertragungsfaktor im Frequenzband ausgehend) dem Integral über die spektrale Leistungsdichte. Somit kann später die Messamplitude nur bei schmalbandigen Quellen einer Sendefrequenz zugeordnet werden. Der Messkopf (Kantenlänge: 53 mm) mit seinen drei orthogonal zueinander ausgerichteten Feldsensoren und den Glasfaserzuleitungen ist in Abbildung 19 dargestellt. Die Empfindlichkeit des Sensors ist in Abbildung 20 im Frequenzbereich von 10 kHz bis 3 GHz dargestellt. Der Dynamikbereich für die Feldvermessung erstreckt sich von 1 V/m bis 1000 V/m. Die Anisotropie, der Unterschied des Messwertes der Sensoren der drei Feldsensoren bei jeweils identischer Feldausrichtung beträgt unter 0,25 dB [DA05].
Für frequenzaufgelöste Messungen wurde ein selbst entwickelter und realisierter konischer Dipol verwendet. Dieser bildet zusammen mit einem BALUN eine Einheit, wie sie in Abbildung 19 zu erkennen ist.
Der BALUN wandelt das symmetrisch auf zwei Koaxialkabeln vom Sensor ankommende Signal so, dass es weiter auf einem Koaxialkabel (unsymmetrisch) geführt werden kann. Die Messung des Signals nach Amplitude und Phase geschieht in einem mit diesem Kabel verbundenen Netzwerkanalysator oder Spektrumanalysator (nur Amplitude). Die dort gewonnenen Messwerte können dann wahlweise über Schnittstellen wie RS232, LAN oder GPIB von einem PC ausgelesen werden.
Der Dipol hat eine Höhe von 2 x 10 mm. Die Öffnungswinkel der zwei konischen Teilantennen beträgt 90°. Die damit erreichte Messdynamik hängt stark vom HF-Empfänger, eventuellen Vorverstärkern und dem damit verbundenen Rauschniveau ab; sie liegt z.B. beim verwendeten Netzwerkanalysator (ZVCE) bei ca. max. 70 dB mit einer Messempfindlichkeit von einigen µV/m [RS02]. Der Antennenfaktor des verwendeten Sensors ist in Abbildung 21 dargestellt.

Abbildung 19: verwendete Feldmesssysteme; oben: Integrierend messendes Messsystem - RadiSense®; unten: Dipolsensor mit BALUN zur frequenzaufgelösten Messung

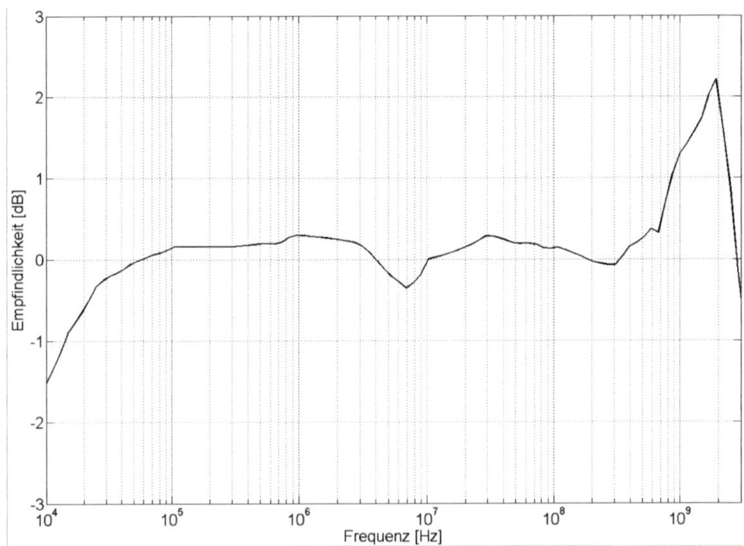

Abbildung 20: Empfindlichkeit (Abweichung vom Nominalwert) der drei Messachsen (worst case) des RadiSense®-Messsystems

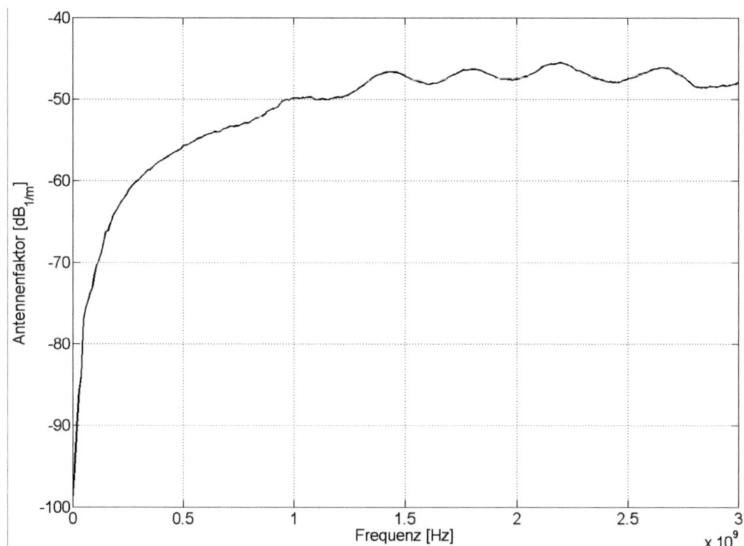

Abbildung 21: Frequenzgang des Antennenfaktors des Dipol-Sensors mit BALUN

3.3 Verwendung und Konfiguration der Messsysteme

Die jeweilige Verwendbarkeit der Systeme wird durch ihre Bewegungsräume definiert. Daraus ergeben sich in der Untersuchung elektromagnetischer Strahlung zusammengefasst die aufgelisteten Standardanwendungen, die jedoch keine Beschränkung für andere Anwendungen darstellen sollen:

- **Roboter 1 (pneumatisch)**
  Dieser Positionier kann den Messkopf in einer Ebene bewegen und eignet sich demnach für vertikale und horizontale Schnittbilder von E-Feldverteilungen. Typische Anwendungen liegen in Vermessungen von GTEM-Zellen, Modenverwirbelungskammern und der Gewinnung eines Schnittbildes einer Antennenabstrahlung.

- **Roboter 2 (hydraulisch)**
  Dieser Positionierer unterscheidet sich von den anderen, da er nicht zum Anfahren von Positionen im Raum konzipiert wurde, sondern für eine Ausrichtung des Prüflings oder des Messkopfes. Das Gros der Anwendungen liegt in der Bewegung eines Prüflings. Es können beliebige Ausrichtungen eingenommen werden. Eine Standardbenutzung ist die Messung innerhalb einer GTEM-Zelle oder eines simulierten Freifeldes. Das Messobjekt wird bewegt, um z.B. die Dipolmomente oder das maximale E-Feld des Prüflings bestimmen zu können. Eine weitere wichtige Anwendung liegt in der Vermessung von mehrachsigen Feldsensoren in der Untersuchung der Empfangsisotropie.
  Mittels spezieller Rückfaltungsalgorithmen ist es möglich, die GTEM-Zelle (als Messumgebung und Messempfänger mit geringer Richtschärfe) zur winkelaufgelösten Feldabtastung zu benutzen und so Abstrahlcharakteristiken unter simulierten Freifeldbedingungen aufzuzeichnen [Jo08].

- **Roboter 3 (elektrisch)**
  Dieser Positionier ist in der Lage, einen Messkopf aufzunehmen, der um ein Zentrum in Kugelkoordinaten bewegt werden kann. Eine Standardanwendung ist die Vermessung der Abstrahlcharakteristik von Antennen über leitender Ebene. Diese werden dafür im Zentrum des Roboters positioniert, wobei ihre Ausdehnung klein gegenüber der Entfernung zum Messkopf sein sollte. Aus den gewonnenen Messdaten lassen sich Aussagen über die Feldstärkeverteilung auf einer Kugeloberfläche (Bewegungsraum des Sensors) machen.

Bei allen Feldvermessungen mit dem RadiSense®-System kommt zu der Zeitdauer für die Positionierung des E-Feldsensors noch die Einschwingzeit des HF-Generators und die Übertragungszeit des Messwertes zum PC hinzu. Da diese jeweils in der Größenordnung von einigen 100 ms liegt, übersteigt sie bei Messungen von Spektren mit vielen Frequenzpunkten leicht die Positionierzeit um ein Vielfaches! Bei Verwendung des frequenzauflösenden Systems in Verbindung mit einem Netzwerk- oder Spektrumanalysator ist die Messzeit deutlich geringer.
Alle Roboter eignen sich grundsätzlich zur Vermessung von passiven und aktiven Strahlern. Das zu verwendende Messmittel muss dem zu vermessenden Strahler angepasst werden. - Aktive Strahler erzeugen dabei intern ihr HF-Signal, wie z.B. ein

Mobiltelefon [Gö99]; passive (abstrahlungsfähige Zweipole) müssen extern mit HF-Leistung über einen Generator versorgt werden, wie z.B. eine passive Antenne. Die zu verwendenden E-Feldsensoren hängen vom Prüfling ab. Die typischen Messmittelkonfigurationen, die für Untersuchungen der beiden Arten benötigt werden, sind in der folgenden Tabelle aufgelistet:

Strahlertyp	HF-Speisung	Messsensor	Messwertaufnehmer
aktiv	X	frequenzaufgelöst	Spektrumanalysator (evtl. mit Verstärker)
aktiv	X	gleichrichtend	RadiSense®
passiv	HF-Generator (evtl. mit Verstärker)	gleichrichtend	RadiSense®
passiv	Netzwerkanalysator (evtl. mit Verstärker)	frequenzaufgelöst	Netzwerkanalysator (evtl. mit Verstärker)

Tabelle 5: Übersicht über die Konfigurationsmöglichkeiten bei Messungen aktiver und passiver Prüflinge

4 Beurteilung von Fehlerquellen in der automatisierten Strahlungsmesstechnik

Jede Messung ist mit einer Messunsicherheit behaftet. Diese kann statistischer sowie systematischer Natur sein [Hi06]. Statistische Fehler sind stets in der HF-Messtechnik in Form von Messrauschen vorhanden und können durch bekannte Maßnahmen wie der Verringerung der Messbandbreite oder der Mittelwertbildung oft auf ein adäquates Maß verringert werden [Hi06]. Speziell die Größe des Messrauschens ist bei Messungen meist bekannt. Die hinzukommenden systematischen Fehler können sich bei komplexen Messaufbauten aus einer Vielzahl von Faktoren zusammensetzen, wie sie in [Gö99] und [Fo07] aufgeführt wurden. Die folgende Liste soll nur einen Auszug der möglichen Fehlerquellen in der HF-Messtechnik darstellen:

- Nichtlinearitäten in der Messstrecke
- mechanische Ungenauigkeiten des Messaufbaus
- Beeinflussung der Messung durch den Messaufbau
- Änderung der Messstrecke durch mechanische Belastung (z.B. die Bewegung der Kabel)
- Nebensprechen
- Reflexion des Messsignals
- Temperaturabhängigkeit der Messtrecke
- Frequenzkennlinien von Verstärkern, Antennen, Kabeln, etc., die nicht durch entsprechende Kalibrierungen kompensiert wurden

Da der jeweilige Einfluss oft unbekannt ist, ist es schwierig, den Gesamtfehler quantitativ zu beschreiben. Oft werden nur Worst-Case-Abschätzungen wie in [Fo07] benutzt.

In diesem Kapitel soll versucht werden, mögliche Beeinflussungen von HF-Feldmessungen, die in dieser Arbeit relevant sind, aufzuzeigen. Die Ergebnisse der Fehleranalyse sollen Aufschluss über die Größenordnung der jeweiligen Fehlerquelle geben, um die Relevanz in Bezug auf den Gesamtfehler abschätzen zu können.

4.1 Einfluss des Hintergrundspektrums

Bei Messungen im Freifeld kommt es zu Überlagerungen des vom Messobjekt stammenden Feldes mit einem Feld, welches durch Quellen wie z.B. Mobilfunk, Radio und Fernsehen entsteht (das Spektrum ändert sich sogar ggf. zeitlich). Diese sind natürlich standortabhängig. In Abbildung 22 ist z.B. ein typisches Spektrum von Radiowellen gezeigt. Wie zu erkennen ist, liegt die höchste Feldstärke im Bereich bis 3 GHz bei ungefähr 75 mV/m. Feldstärken dieser Größenordnung führen bei empfindlichen Messungen zu einer nicht tolerierbaren Überlagerung der gewünschten Messwerte. Bei Benutzung von Verstärkern bei passiven Strahlern können die zu vermessenden Feldstärken leicht um ein Vielfaches höher liegen, so dass die Beeinflussung in den Bereich des Messrauschens gelangt und dieses damit vernachlässigt werden kann. Integrierende Feldmesssysteme reagieren zusätzlich empfindlich auf ein breites Hintergrundspektrum.

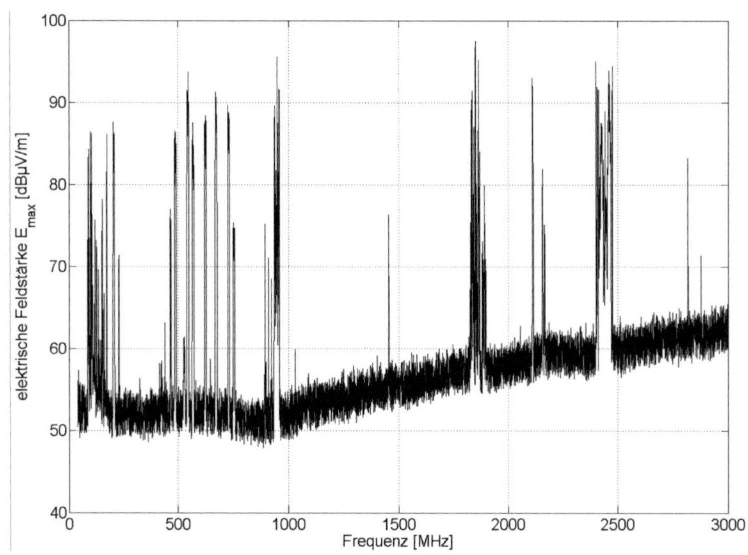

Abbildung 22: Spektrum der Feldstärke im Jahr 2009 in 21079 Hamburg

4.2 Einfluss der Exzentrizität bei auf einer Kreisbahn abtastenden Feldmesssystemen

Bei allen Feldmessungen, von einer nicht punktförmigen Quelle ausgehend, bei denen das Feld auf einer Kreisbahn abgetastet wird, treten Messfehler dadurch auf, dass sich kein Strahlungszentrum definieren lässt. Nur wenn der Abstand Strahler/Messsensor sehr viel größer als die Ausdehnung des Strahlers ist, kann dieser näherungsweise als punktförmig betrachtet werden. Ein realer Strahler besteht aus einer Vielzahl von sich überlagernden punktförmigen Elementarstrahlern (Teilstrahler), die sich über seine Struktur verteilen. Da nur einer davon im Zentrum der Kreisbewegung des Sensors platziert ist, besitzen alle anderen eine Exzentrizität zur Bewegungsachse (Es wird davon ausgegangen, dass sich die Struktur des Strahlers nicht gänzlich auf dieser Achse befindet). Da im Allgemeinen die örtliche Verteilung der Teilstrahler auf der Struktur bzgl. ihrer Phase und Amplitude bei einer Messung unbekannt ist, führen die entstehenden Exzentrizitäten zu unbekannten Längen- und Winkelfehlern.
Neben der Auswirkung auf den Messwinkel, mit dem Winkelfehler $\Delta\theta=\theta'-\theta$, wie in Abbildung 23 skizziert, führt die Exzentrizität auch zu einem Längenunterschied im Strahlengang. Dieser Längenunterschied ist über (54) mit einem Phasenunterschied $\Delta\phi$ verbunden, der sich mit steigender Frequenz stärker auswirkt. In Gleichung (54) ist β die Phasenausbreitungskonstante im Medium.

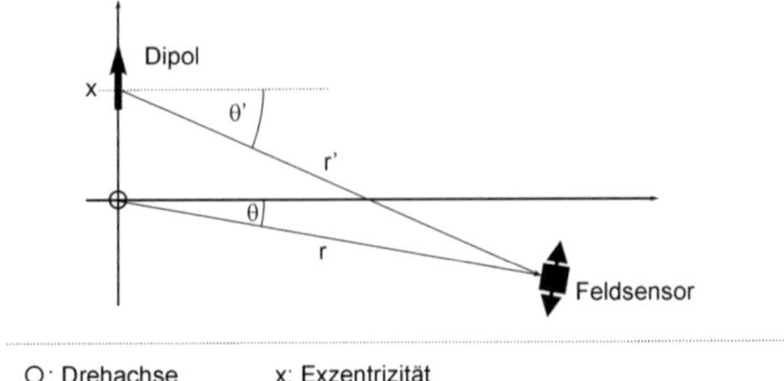

Abbildung 23: schematische Darstellung eines abstrahlenden Dipols, welcher sich exzentrisch zur Drehachse des Feldsensorarms befindet

$$\Delta\phi = \beta(r - r') \tag{54}$$

Auch die Amplitude wird durch den Längenunterschied beeinflusst. Diese Auswirkung der Exzentrizität auf den Messfehler soll im Folgenden analytisch untersucht werden. Als Strahler wird eine Punktquelle (Hertzscher Dipol) angenommen, die einen Abstand x zum Kreismittelpunkt des Messsystems hat und entsprechend dem in Abbildung 23 eingezeichneten Pfeil gerichtet ist. Das Feld wird von einem Sensor abgetastet, der sich auf einer Kreisbahn mit dem Radius r bewegt. In den folgenden Berechnungen soll unter der Annahme von Fernfeldbedingungen nur die Feldkomponente tangential zu seiner Trajektorie betrachtet werden. Dieses wird mit einem solchen Strahlungsquellentyp auch typischerweise in der Praxis getan.

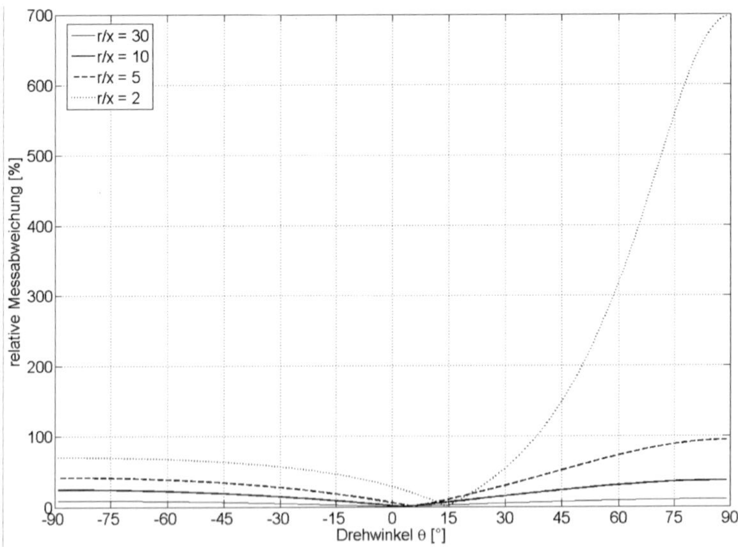

Abbildung 24: relative Messabweichung in Abhängigkeit des Drehwinkels; gilt nur unter Fernfeldbedingungen

Abbildung 24 zeigt für verschiedene Quotienten aus Sensorbahnradius und Exzentrizität die Auswirkung auf das gemessene E-Feld als relativen Fehler zu dem Fall ohne Exzentrizität. Da es in dieser Betrachtung nur einen Hertzschen Dipol gibt, ist im Fernfeld eine Frequenzabhängigkeit vernachlässigbar klein. Weiterhin kommt es nicht durch Überlagerung mehrerer Teilstrahler zur phasensensiblen Superposition, was eine deutliche Reduktion der Komplexität darstellt. Die Exzentrizität hat direkten Einfluss auf den Blickwinkel des Sensors auf die Strahlungsquelle und damit auf die gemessene Feldstärke bei nicht rotationssymmetrischen Strahlern. Die zusätzliche Änderung des Abstandes zeigt sich im betrachteten Fall des Hertzschen Dipols in der Asymmetrie des Verlaufes des relativen Fehlers zur Senkrechten bei $\theta \approx 0$.

Der Fehler hat sein jeweiliges Maximum für positive und negative Winkel bei $\theta = \pm 90°$. Dieses hängt mit der Abstrahlcharakteristik des Hertzschen Dipols zusammen, dessen abgestrahltes Feld an seinen Polen bei $\theta = \pm 90°$ verschwindet und sich daher dort ein Fehler im Blickwinkel sehr stark auswirkt.
Die Winkelempfindlichkeit des abstrahlenden E-Feldes tangential zur Ausbreitungsrichtung eines Hertzschen Dipols beträgt:

$$\frac{dE_\theta}{d\theta} = E_\theta \cdot \tan\theta \qquad (55)$$

4.3 Feldverzerrung durch Nähewirkung des Sensorkopfes

Durch die Anwesenheit des Messsensors kommt es stets zur Verfälschung des zu messenden Feldes. Ist der Messsensor weit genug vom strahlenden Objekt entfernt und befindet sich im Fernfeld des Strahlers, so kann dieses evtl. durch eine Kalibrierung ausgeglichen werden. Ist die Entfernung vom Messobjekt dagegen zu gering (Nahfeld), ändert die Anwesenheit des Messsensors die Strahlerstruktur in komplexer Weise. Um diesen Effekt zu untersuchen, wurde eine numerische Simulation durchgeführt, in der das messtechnisch erfassbare Feld eines Hertzschen Dipols untersucht wurde. Das Modell der Untersuchung ist in Abbildung 25 skizziert. Der simulierte Messkopf besteht, ähnlich wie bei kommerziellen Messköpfen, aus einem metallischen Kubus (Kantenlänge: 50 mm), der an drei orthogonal zueinander liegenden Flächen mit einer kurzen elektrischen Antenne (Länge: 10 mm) bestückt ist.

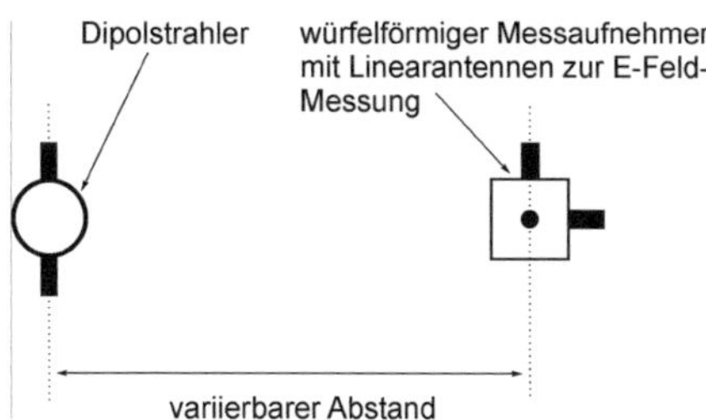

Abbildung 25: Simulationsmodell zur Untersuchung des Messfehlers bei Anwesenheit eines metallischen Messsensors unter Berücksichtigung des Abstandes; dargestellt sind ein Hertzscher Dipol und ein kubischer Messsensor

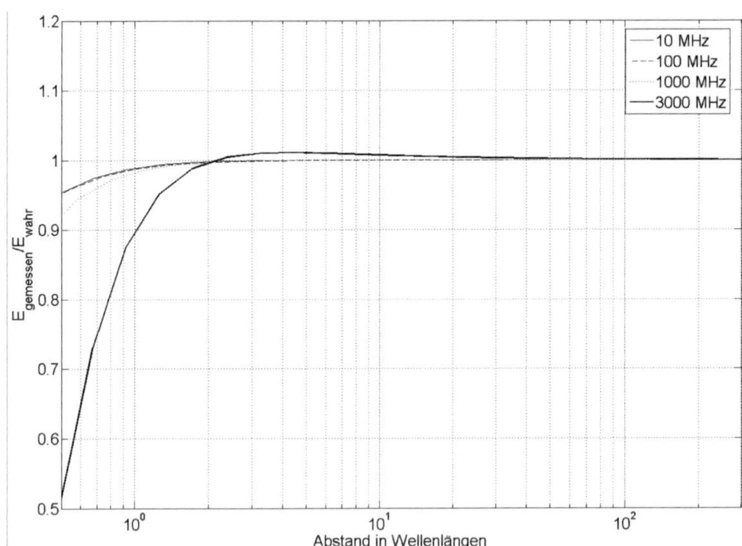

Abbildung 26: Darstellung des Verhältnisses von gemessener (fernfeldkalibriert) zu wahrer Feldstärke über den Abstand Dipol/Sensorkopf für verschiedene Frequenzen

Jede Sensorantenne ist mit einem simulierten 50-Ω-Messwiderstand mit dem metallischen Kubus verbunden. Der Sensor wurde so positioniert, dass zwei der drei Antennen orthogonal zur Dipolachse ausgerichtet waren. Die Simulation wurde für die Frequenzen 10 MHz, 100 MHz, 1 GHz und 3 GHz durchgeführt, wobei der Abstand zwischen Dipol und Sensor variiert wurde. Die Ausrichtungen der Strahlungsquelle und des Messesensors sind Abbildung 25 zu entnehmen. Die Simulationsergebnisse sind in Abbildung 26 dargestellt. Wie zu erkennen ist, kann es je nach Abstand sowohl zu einer Über- als auch Unterbewertung des Feldes kommen. Sofern ein Abstand von mindestens einer Wellenlänge eingehalten wird, bleibt die Verfälschung der Messung jedoch in recht tolerierbaren Grenzen und bei Entfernungen darüber hinaus kann der Messfehler bereits als vernachlässigbar klein angesehen werden.

4.4 Einfluss der räumlichen Messauflösung

Wird ein Strahler vermessen, geschieht dieses an diskreten Positionen. Bei einer zu niedrigen Messauflösung kann es zu Fehlern in der späteren Auswertung kommen. Aufgrund des Mess- und Zeitaufwandes werden oft nicht die Nyquist-Bedingungen für eine Abtastung bei der Diskretisierung eingehalten, was eine spätere perfekte Rekonstruktion unmöglich macht [St06].

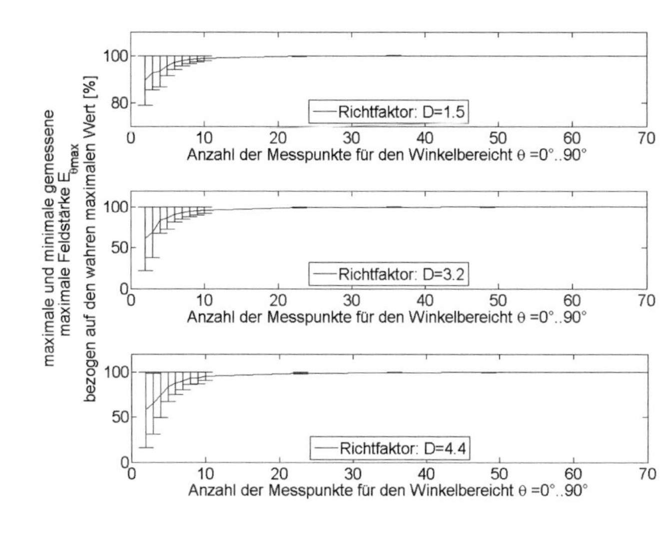

Abbildung 27 Darstellung des Verhältnisses von gemessener (im Fernfeld kalibriert) zu wahrer Feldstärke über den Abstand Dipol/Sensorkopf für verschiedene Frequenzen.

Auch Anwendungen, die im Allgemeinen nicht derart hohe Anforderungen an die Messauflösung stellen, sind in ihrer Güte stark abhängig von der Diskretisierung. So z.B. bei der Ermittlung des maximalen E-Feldes eines Strahlers in Abhängigkeit der Messkoordinaten. Weitere davon betroffene Anwendungen liegen im Bereich der Bestimmung des Antennengewinns oder der gesamten abgestrahlten Leistung.
Um den Einfluss der Diskretisierung zu untersuchen, wurde die Abtastung einer Linearantenne (in z-Richtung) bei verschiedenen Diskretisierungsabständen $\Delta\theta$ (Kugelkoordinaten) simuliert vermessen. Weiterhin wurde die Auswirkung einer Verschiebung dieser Messpositionssequenz im Bereich $]0, \Delta\theta[$ mit untersucht. Die Berechnungen wurden im Fernfeld der Sendeantenne durchgeführt, wobei die Entfernung zum Strahler sehr viel größer war als seine Ausdehnung. Der Strahler wurde weiterhin in seiner Länge variiert, um damit eine Veränderung des Richtfaktors zu erhalten und auch das Messfehlerverhalten diesbezüglich analysieren zu können. In Abbildung 27 sind die Ergebnisse der Messungen zur Bestimmung des Maximums der θ-Komponente des E-Feldes für drei verschiedene Richtfaktoren (D=1,5; D=3,2; D=4,4) dargestellt. Die durch Variation der Messpositionssequenz erhaltenen minimalen und maximalen prozentualen Abweichungen für $E_{\theta max}$ werden durch die untere und obere Markierung der Intervalbalken gekennzeichnet. Die ausgezogene Kurve in den Diagrammen ist der arithmetische Mittelwert zwischen diesen Werten.
Wie zu erwarten ist, wächst der Fehler mit steigendem Richtfaktor sowie mit Verringerung der Messpositionsdiskretisierung. Für eine zweidimensionale Abtastung ist Analoges anzunehmen.

4.5 Isotropiefehler

Isotrope Feldsensoren existieren nur theoretisch. Allerdings ist es möglich, dieses Ideal z.B. mittels drei orthogonal angeordneter Antennen zu approximieren [Ga07], [DA05]. In vielen technischen Umsetzungen befinden sich diese drei Sensoren auf den Flächen eines würfelförmigen Messkopfes. Die Tatsache, dass Antennen ortsverschieden positioniert sind und eine endliche Länge besitzen, macht es in der Praxis unmöglich, das Feld an einer bestimmten Position in seine drei orthogonalen Komponenten zerlegt zu bestimmen. Weiterhin kommt es durch die Form des Messkopfes und die Position der Antennen zu Abschattungen des Feldes unter bestimmten Winkeln.

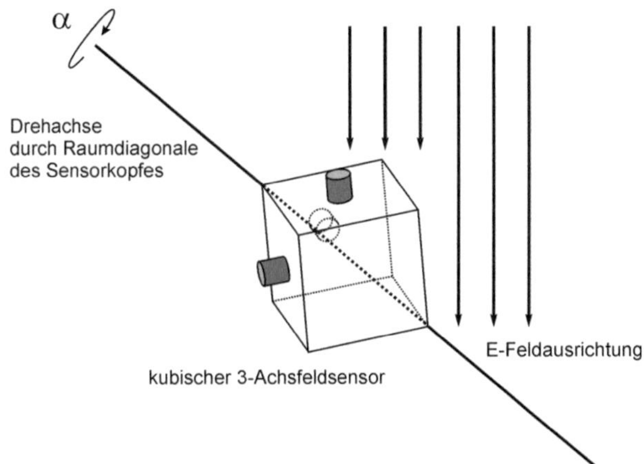

Abbildung 28: schematisches 3D-Simulationsmodell zur Untersuchung der Isotropiegüte über die Drehung eines kubischen „isotropen"-Messkopfes im homogenen E-Feld

Eine Möglichkeit der Bestimmung der Isotropie eines Sensors besteht darin, ihn um seine Raumdiagonale in einem homogenen Feld zu drehen und die erhaltenen Messwerte (Betrag der drei Feldkomponenten) gegen den Drehwinkel aufzutragen [Ga07], [No97]. Der prinzipielle Messaufbau dafür ist in Abbildung 28 dargestellt.

Um zu zeigen, welche Abweichungen von idealer Isotropie zu erwarten sind, wurde eine numerische Simulation durchgeführt. Der Sensorkopf besteht, ähnlich wie bei kommerziellen Messköpfen, aus einem metallischen Kubus (Kantenlänge: 50 mm), der im Zentrum der drei orthogonal zueinander liegenden Flächen mit einer kurzen elektrischen Antenne (Länge: 10 mm) bestückt ist. Jede Sensorantenne ist mit einem simulierten 50-Ω-Messwiderstand mit dem metallischen Kubus verbunden. Die dort abgreifbare Fußpunktspannung wurde als simulierte Messgröße für das E-Feld verwendet. In Abbildung 29 sind die simulierten Messergebnisse gemäß (56) für verschiedene Frequenzen dargestellt.

$$ISO(\alpha) = \frac{(E_x(\alpha)^2 + E_y(\alpha)^2 + E_z(\alpha)^2)^{0.5}}{(E_x(\alpha)^2 + E_y(\alpha)^2 + E_z(\alpha)^2)^{0.5}_{\max}} \tag{56}$$

Durch die vorgenommene Normierung besitzt der Frequenzgang der Sensoren keinen Einfluss auf die simulierten Messergebnisse. Die Radiusachse der Polardiagramme gibt die Abweichung von idealer Isotropie (Wert=1.0) an.

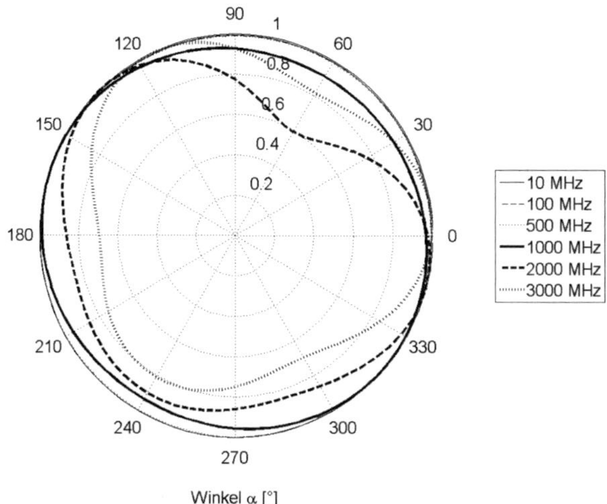

Abbildung 29: Ergebnisse der Isotropiemessung bei Änderung des Sensorausrichtung gemäß Abbildung 28 für verschiedene Frequenzen; der Radius, ISO(α) gibt die Verzerrung an (Kreis mit Radius 1,0 entspricht perfekter Isotropie)

Die Asymmetrie zu den drei Achsen im Abstand von 120° beruht auf der Tatsache, dass der Messkopf nur auf drei seiner Seitenflächen mit Sensoren bestückt ist.

4.6 Einfluss der Veränderung der Messumgebung auf die Feldausbreitung

Allgemein führen im Messraum platzierte Metalle aufgrund ihrer guten Leitfähigkeit zu Verzerrungen eines einfallenden Feldes, da die induzierten Ströme in ihnen ein Gegenfeld (Streufeld) aufbauen, das sich mit dem ursprünglichen überlagert. Metallische Messkabel, die zum Sensor führen, bewirken zusätzlich eine Veränderung der Messumgebung aufgrund ihrer niederohmigen Verbindung mit der Messplatzmasse (z.B. das Chassis einer GTEM-Zelle, die ideal leitende Ebene, etc.).
Zur Untersuchung dieses Effekts wurde der feste Messaufbau des elektrischen Roboters modelliert und numerisch die Feldverteilung unter Variation der HF-Messtechnik berechnet [Ha06a]. Das Modell orientiert sich an typischen Messungen mit diesem Roboter und den zwei dabei verwendeten Messsystemen (Dipol mit BALUN / RadiSense®-System): Im Zentrum der leitenden Ebene (Abmessung: 150 cm x 100 cm) befindet sich eine Stabantenne (Länge: 70 mm), und ein Sensor im Abstand r=95 cm vermisst das Feld. Es wurden die folgenden Sensorkonfigurationen modelliert und simuliert:

- Vermessung mit einem frequenzauflösenden Messsystem, bestehend aus einer Dipolantenne, einem BALUN (metallische Box) und einem Koaxialkabel, welches zu einem HF-Messgerät unterhalb der leitenden Ebene führt. Das Kabel ist niederohmig mit der leitenden Ebene des Tisches verbunden. Der BALUN wurde im Modell durch einen Kupferquader (Abmessung: 70 mm x 30 mm x 130 mm) nachgebildet. Die Messkabel und der Dipolsensor wurden mittels Kupferstäben (Durchmesser: 5 mm) nachempfunden.

- Vermessung mit einem integrierenden Sensor mit optischer Übertragungsstrecke (RadiSense®-System). Im Simulationsmodell wurde ein Kupferwürfel mit einer Kantenlänge von 50 mm verwendet; Zuleitungen existieren nicht.

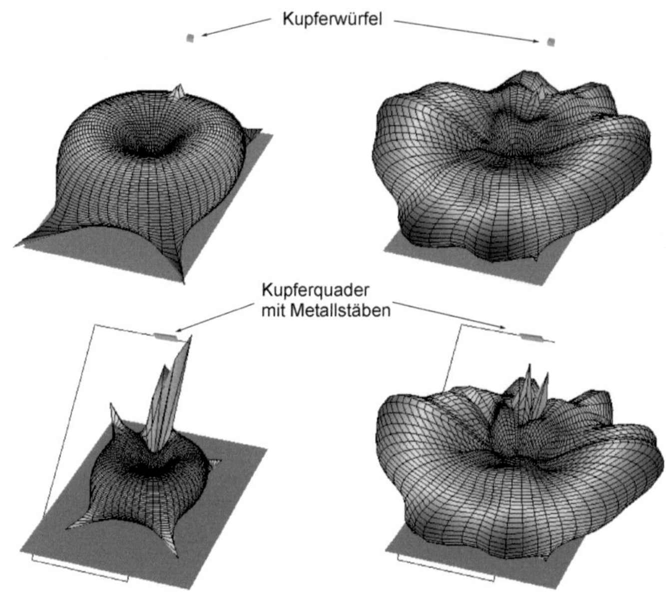

Abbildung 30: Ergebnisse der Simulation aus der Feldbeeinflussung der verwendeten Feld-Messsysteme; links: 901 MHz; rechts: 201 MHz; oben: RadiSense®; unten: Dipol mit BALUN; alle Feldbilder sind auf ihre jeweiligen Maxima normiert

Die Ergebnisse der Simulation sind in Abbildung 30 dargestellt. Der Sensor befindet sich im Modell am Arm des Roboters bei einem Winkel von $\theta=45°$.
Wie deutlich zu sehen ist, hat das Messsystem mit Koaxialkabel (Dipol mit BALUN) eine starke Auswirkung auf das elektrische Feld in der Nähe des Sensors. Dies verringert sich mit steigender Frequenz. Das Messsystem mit optischen Zuleitungen (RadiSense®-System) zeigt für beide Frequenzen eine wesentliche geringere Beeinflussung.
Die Simulationsergebnisse ergaben weiterhin, dass Beeinflussungen durch Masseverbindungen des Messkabels nicht wesentlich weiter eingedämmt werden

können, wenn dieses mit Ferriten bestückt ist. - Die Induktivität des Kabels ist bereits verhältnismäßig groß. Die Grafiken der Abstrahlung der Stabantenne zeigen nicht die zu erwartenden Rotationssymmetrie bezüglich ihrer eigenen Achse, da die leitende Ebene eine rechteckige Form besitzt. Dieser Effekt spiegelt sich in den Abstrahlungscharakteristika der Antennen wider, ist aber mit dem hier verwendeten Messaufbau nicht messbar, da der Strahler gedreht wird und Sensor und leitende Ebene dabei ihre Position zueinander nicht verändern. Somit gleicht die Messung einer über einer rotationssymmetrischen Messebene aufgenommenen.

Besonders hohe Beeinflussung gibt es auch bei extrem empfindlichen Messungen im unteren Frequenzbereich, wenn die Masse des Felderzeugers mit der Masse des Feldaufnehmers niederohmig verbunden wird. Die Rückströme der Strahlungsquelle können dann zum Teil über die Messkabel fließen und einen zusätzlichen Spannungsabfall am HF-Empfänger erzeugen [Ha05].

Auch die Beeinflussung der Messumgebung (im konkreten Fall die GTEM-Zelle) wurde für die Verwendung des pneumatischen Roboters untersucht. Dazu wurde der Feldwellenwiderstand der GTEM-Zelle mit einem TDR (Time Domain Reflectometer) mit und ohne Beladung (Roboter) bestimmt. Der Roboter befand sich dazu auf dem Boden quer zur Wellenausbreitung in der GTEM-Zelle (z=480 cm), wie in Abbildung 40 mit α=0° dargestellt.

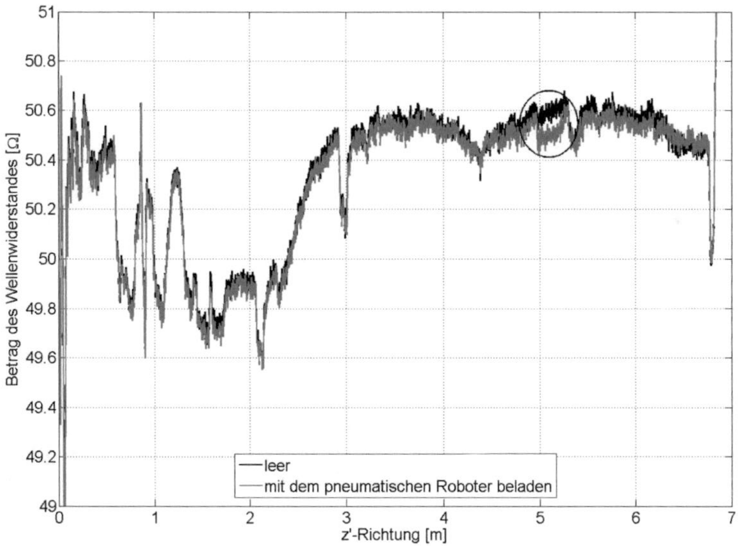

Abbildung 31: der mittels TDR gemessene Betrag des Wellenwiderstandes über die Länge z in der GTEM-Zelle; die beiden Kurven zeigen den Verlauf mit und ohne Anwesenheit des pneumatischen Roboters; der Roboter befand sich im eingekreisten Bereich

Abbildung 31 zeigt den Verlauf des Betrages des Wellenwiderstandes in der GTEM-Zelle über die Position z'. Der Wellenwiderstand bei der GTEM-5317 beträgt nominell 50 Ω. Die Stelle in der Grafik mit verändertem Wellenwiderstand weist eine höhere z'-Position auf. Dieses liegt im Öffnungswinkel zwischen Septum und Zellenboden

begründet, zwischen der sich in der GTEM-Zelle Kugelwellen ausbreiten, wodurch z von z' abweicht. Die Verwendung eines TDRs erlaubt keinen absoluten Aufschluss über die Feldstörung bei Beladung der GTEM-Zelle, da zum Messen des Wellenwiderstandes eine TEM-Welle eingespeist wird und die TEM-Wellenreflexion über die Zeit gemessen wird. Somit werden mögliche Anregungen anderer Wellenformen als der TEM-Mode nicht berücksichtigt. Trotzdem gibt die Differenz der beiden gemessenen Wellenwiderstandsverläufe Auskunft über die Größenordnung der Beeinflussung. Die Messung zeigt bei Beladung mit dem Roboter einen Wellenwiderstand, der gemäß (19) reduziert ist, da an der Position des Roboters durch dessen Material (ε_r>1) C' vergrößert wurde.
Auf Untersuchungen der Messbeeinflussung des hydraulischen Roboters in der GTEM-Zelle wurde aufgrund der zu erwartenden Abhängigkeit sowohl vom Prüfling als auch seiner aktuellen Ausrichtung verzichtet.

4.7 Auswirkung der Messunsicherheit bei der Verwendung logarithmischer HF-Detektoren

In diesem Unterkapitel wird auf die Messfehler bei Verwendung eines Netzwerkanalysators eingegangen. Die Messung der Streuparameter (in dieser Arbeit S_{11} und S_{21}) ist stets mit einem Fehler behaftet, der sowohl vom HF-System, als auch von der Güte der Kalibrierung abhängt [Sc84].
Wie stark sich besonders bei logarithmisch messenden Systemen Messunsicherheiten auf die Güte der Weiterverarbeitung von Messergebnissen auswirken können, soll für den folgenden Anwendungsfall untersucht werden:

- Bestimmung der aufgenommenen Leistung mittels S_{11}-Messung unter Benutzung eines Netzwerkanalysators.

Dabei wird von einer verlustfreien Antenne (Eintor) ausgegangen, deren abgestrahlte Leistung über (57) angenähert* bestimmt werden soll.

$$P_{\text{Wirk}} = P_{\text{ein}} \cdot (1 - S_{11}) \tag{57}$$

Der in Abbildung 32 dargestellte maximale Fehler errechnet sich aus der Messunsicherheit des Gerätes laut Datenblatt [RS02] für 3 GHz. Im Diagramm ist deutlich zu erkennen, dass Messunsicherheiten logarithmischer Detektoren bei Subtraktionen wie in (57) zu extremen Fehlern im Ergebnis führen können: Ist die Antenne schlecht an das Messsystem angepasst und somit auch die aufgenommene Wirkleistung sehr gering, kommt es zu starken Fehlern, was im Extremfall eine Aussage über die Abstrahlung unmöglich macht.

* Die von der Antenne aufgenommene Leistung setzt sich aus Strahlungsleistung und Wärmeleistung zusammen.

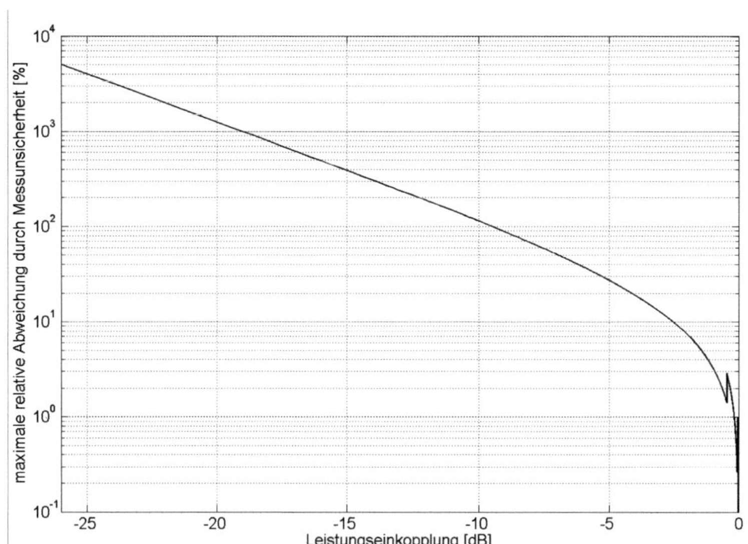

Abbildung 32: Messfehler (Worst-Case-Werte bei 3 GHz) bei Berechnung der aufgenommenen Wirkleistung unter Verwendung von S_{11}-Messdaten

5 Messung und Simulation

Dieses Kapitel beschreibt verschiedene Messungen, die mit den entwickelten Robotern durchgeführt wurden. Um einzelne Messungen entsprechend ihrer Güte bewerten zu können, wurden vergleichende Simulationen durchgeführt. Diese entstanden sowohl mit dem Programm MATLAB®, als auch bei numerischen Untersuchungen der elektromagnetischen Wellenausbreitung mit dem Programm CONCEPT.
Bei den Messobjekten handelt es sich um elektromagnetische Strahler, die eine gewisse Komplexität in ihrer Struktur und auch in der Geometrie ihrer Messumgebung aufweisen. Für die verschiedenen Messprobleme wurden, wie in 3.1.2 beschrieben, drei Roboter entwickelt. Die detaillierte Untersuchung der Strahlungsfelder ist unter anderem auch geeignet, die Leistungsfähigkeit der Roboter daran zu testen.
Obwohl es sich bei einer GTEM-Zelle um eine Messzelle handelt, kann diese als komplexer Strahler aufgefasst werden. In diesem Zusammenhang wurden die Feldverteilungen in ihr untersucht. An anderer Stelle wird die GTEM-Zelle als definierte Messumgebung zur Untersuchung von Antennen verwendet, wie in [DI03] beschrieben, um sie als Messraum für andere komplexe Strahler zu benutzen. Weitere Feldvermessungen und Simulationen wurden von Strahlern über einer leitenden Ebene durchgeführt.

5.1 Feldhomogenitätsuntersuchung der GTEM-5317

Wie bereits in 2.2.1.1 beschrieben, ist die GTEM-Zelle eine Messzelle zur Untersuchung der Abstrahlung von Prüflingen und der Einkopplung in diese [DI03]. Die spezielle Form soll über einen breiten Querschnitt eine relativ homogene elektromagnetische Feldausbreitung garantieren. Der nutzbare Frequenzbereich liegt zwischen 0 Hz bis einige GHz (im Fall der GTEM-5317 bis zu 18 GHz [ET04]). Bei derart hohen Frequenzen, mit Wellenlängen, die wesentlich kleiner als die geometrischen Abmessungen sind (maximale Septumshöhe der GTEM-5317: 170 cm), kann es durch Modenüberlagerung zu Feldverzerrungen kommen. Auch die Beladung einer GTEM-Zelle mit einem Prüfling führt zu Beeinflussung in der Wellenausbreitung in der Zelle und damit zur Veränderung der Messumgebung. Um zu untersuchen, wie das Feldbild in der GTEM-5317 aussieht und wie stark mögliche Feldverzerrungen ausgeprägt sind, wurde ein spezieller Messroboter (pneumatischer Roboter) entwickelt. Mit ihm wurden zahlreiche Feldmessungen in vertikalen und horizontalen Schnittebenen in der GTEM-5317 durchgeführt.

5.1.1 Untersuchung der Feldhomogenität in der x-z-Ebene der GTEM-5317

Der normierte Feldfaktor e_{y0} stellt einen Referenzwert dar, der für zahlreiche Berechnungen zur Abstrahlung und Einkopplung in der GTEM-Zelle genutzt wird [DI03], [Wi85], [Wi93]. Er ist der Quotient aus der y-Komponente des E-Feldes als Funktion der Koordinaten x, y und z in der Zelle und der Wurzel aus der dafür eingespeisten Leistung am Zelleneingang. Er kann analytisch nach (28) gefunden werden und ist für y=20 cm über x und z (für die Lage der Koordinaten siehe Abbildung 33) in Abbildung 34 dargestellt. Seine messtechnische Bestimmung wird gemäß (58) durchgeführt [DI03].

$$e_{0y} = \frac{E_y(x,\, y,\, z)}{P_{\mathrm{ein}}^{\frac{1}{2}}} \tag{58}$$

Um zu überprüfen, inwieweit die analytische Berechnung von e_{y0}, welche von einer idealisierten Zelle ausgeht, mit gemessenen Werten übereinstimmt, wurde eine örtlich hoch aufgelöste Messung von e_{y0}(x,y=20 cm,z) in der GTEM-Zelle durchgeführt [Ha07a]. Zur automatisierten Vermessung dieser Feldverteilung wurden der Roboter gemäß Abbildung 33 in der Zelle horizontal über dem Zellenboden positioniert und durch spezielle Öffnungen seine Luftdruckschläuche und Glasfasern nach draußen geleitet. Die Gelenkarme des pneumatischen Roboters wurden dafür mit Gleitfüßen bestückt, die sich auf einer dünnen hochglatten Kunststoffplatte bewegen und so den Messkopf in horizontaler Ebene (x-z) positionieren können. Wie in der Abbildung 33 gezeigt, erfolgte die Messwertaufnahme von E_y nur einseitig in Bezug auf die y-z-Symmetrieebene der GTEM-Zelle.

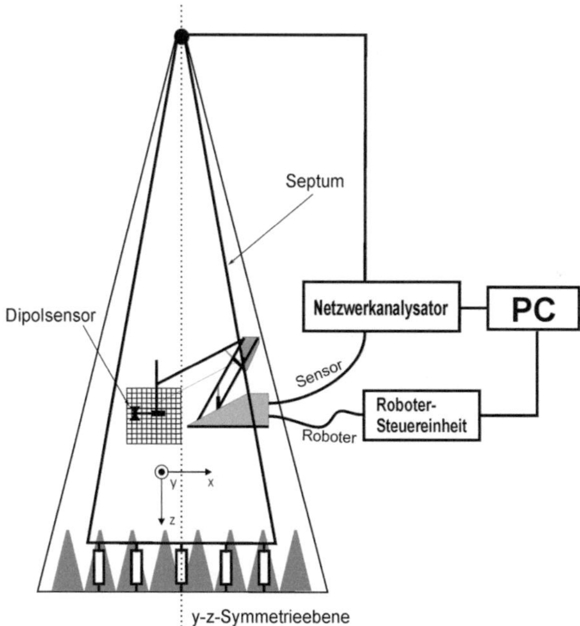

Abbildung 33: automatisiertes Messsystem (pneumatischer Roboter) in der GTEM-5317 (Aufsicht) zur Bestimmung von e_{y0}; das Gitter stellt schematisch den Messbereich dar; der Roboter befindet sich horizontal ausgerichtet auf dem Zellenboden

In den jeweiligen Auswertungen wurden die übrigen Werte durch Spiegelung der Messdaten erzeugt. Felderzeugung und -messung wurden über die Verwendung eines Netzwerkanalysators realisiert. Der dabei gemessene Streuparameter S_{21} gibt die

Kopplung zwischen Spannungseinspeisung in die GTEM-Zelle und der Sensorfußpunktspannung wieder, aus dem sich der Feldfaktor über den Antennenfaktor berechnen lässt. Der für die Messung benutzte frequenzauflösende Messkopf ist in Abbildung 19 dargestellt und wurde für die Messung auf einer Höhe von y=20 cm bewegt. Die Messebene lag im Bereich x=0..45 cm und y=440..490 cm. Die Messauflösung betrug 15 x 20 Punkte. Ein PC koordinierte die automatisierte Messung.
Die Messungen der Feldverteilung für verschiedene Frequenzen zeigen, anders als die analytische Berechung von e_{y0} vermuten lässt, eine deutliche Frequenzabhängigkeit. Alle Grafiken sind zum besseren Vergleich normiert dargestellt, da sich ihre Werte nur lokal stark voneinander unterscheiden. Auf eine numerische Simulation zum Vergleich wird verzichtet, da die Untersuchung Abweichung zu einer idealisierten Zelle darstellen soll.
Bei der Berechnung von e_{y0}, wie in Abbildung 34 dargestellt, wird von einer reinen TEM-Modenausbreitung in der GTEM-Zelle ausgegangen. Die gemessenen Werte in Abbildung 35 bis Abbildung 37 zeigen jedoch starke Welligkeiten in z-Richtung. Diese werden aufgrund eines nicht idealen Wellenabschluss von einer Überlagerung von hin- und rücklaufender TEM-Welle verursacht [Ha07a], [Ha08d]. Die Überlagerung des TEM-Modes mit höheren Moden erklärt zusätzlich die Welligkeit quer zur z-Achse [Ha08d]. Die Ausbreitung höherer Moden in der GTEM-Zelle wird in den nachfolgenden Abschnitten dieses Kapitels näher untersucht werden.

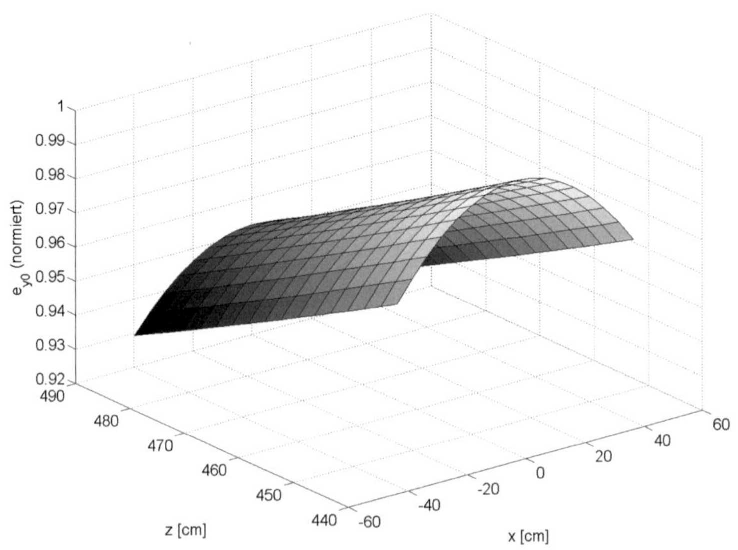

Abbildung 34: die normierte Darstellung des analytisch berechneten Feldfaktors $e_{y0}(x,y=20\text{ cm}, z)$ in einer GTEM-Zelle

Abbildung 35 zeigt tendenziell eine recht gute Übereinstimmung mit den analytisch berechneten Werten. Die Art der Krümmung in z-Richtung deutet aber auf die Überlagerung einer rücklaufenden Welle hin. Der Verlauf in x-Richtung zeigt grundsätzlich Kongruenz mit Abbildung 34. Zusätzlich weist die Messkurve in Abbildung 35 leichtes Messrauschen auf, was an der reduzierten Messdynamik des Sensors in diesem Frequenzbereich liegt (siehe dazu Abbildung 21).

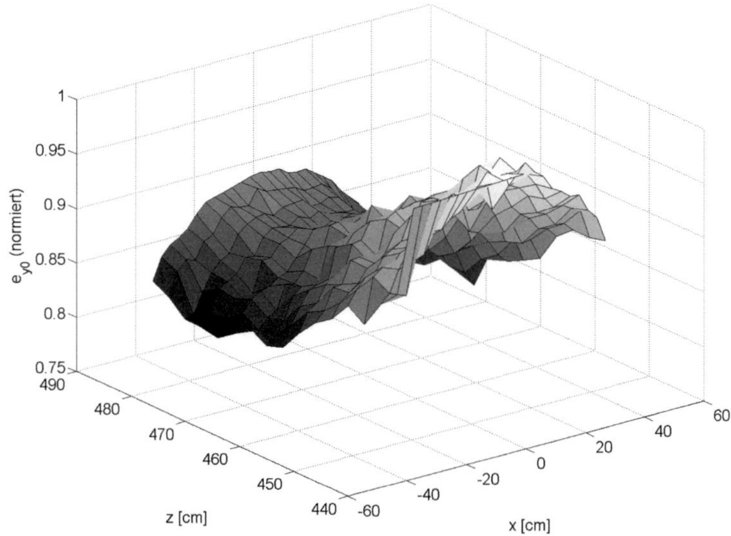

Abbildung 35: die normierte Darstellung des gemessenen Feldfaktors e_{y0}(x,y=20 cm,z) in der GTEM-5317 bei einer Frequenz von 100 MHz

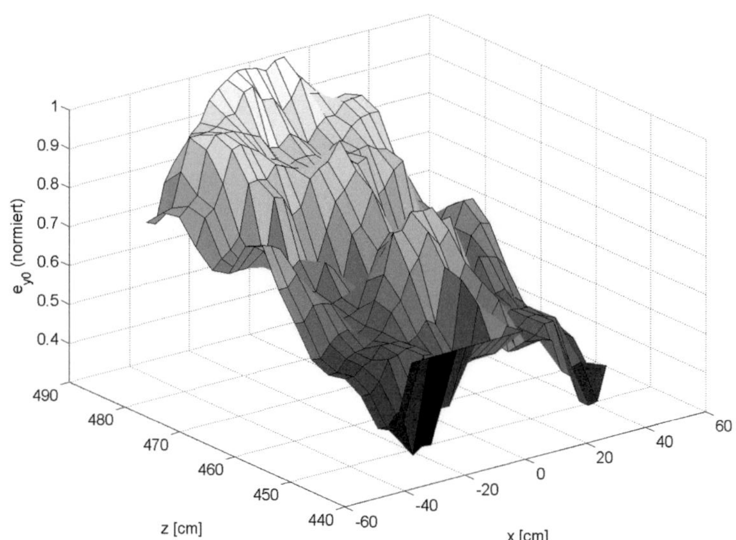

Abbildung 36: die normierte Darstellung des gemessenen Feldfaktors e_{y0}(x,y=20 cm,z) in der GTEM-5317 bei einer Frequenz von 1 GHz

Die Welligkeit, die die Kurve bei 1 GHz in Abbildung 36 aufweist, rührt von einer Überlagerung einer stehenden TEM-Welle sowie von bei dieser Frequenz ausbreitungsfähigen höheren Moden her. In Abbildung 37 zeigt sich ähnliches Verhalten bei einer Messfrequenz von 3 GHz. Bei den sich bei dieser Frequenz ausbreitenden stehenden Wellen kommt die Wellenlänge der Amplitudenverteilung in den Bereich der Messsensorgröße, was zu einer gewissen Unschärfe führt.

In Abbildung 38 ist der Betrag der Abschlussimpedanz der GTEM-Zelle grafisch dargestellt. Die Daten wurden aus einer S_{11}-Messung mit einem Netzwerkanalysator gewonnen und die Abschlussimpedanz bei angenommener TEM-Wellenausbreitung daraus berechnet. Das Diagramm kann somit als guter Anhaltspunkt über die Qualität des Wellenabschlusses in der GTEM-Zelle aufgefasst werden und die Welligkeiten in den Messwerten in z-Ausbreitung erklären [Ha08d].

Abbildung 39 zeigt die normierte Welligkeit der E-Feldstärke in der Zelle über die Koordinate z und die Frequenz. Die sich darstellende Welligkeit in z-Richtung basiert auf Berechungen aus der gemessenen Abschlussimpedanz aus Abbildung 38. Diese Grafik stellt deutlich den TEM-Anteil der zu erwartenden Welligkeit in z-Richtung dar.

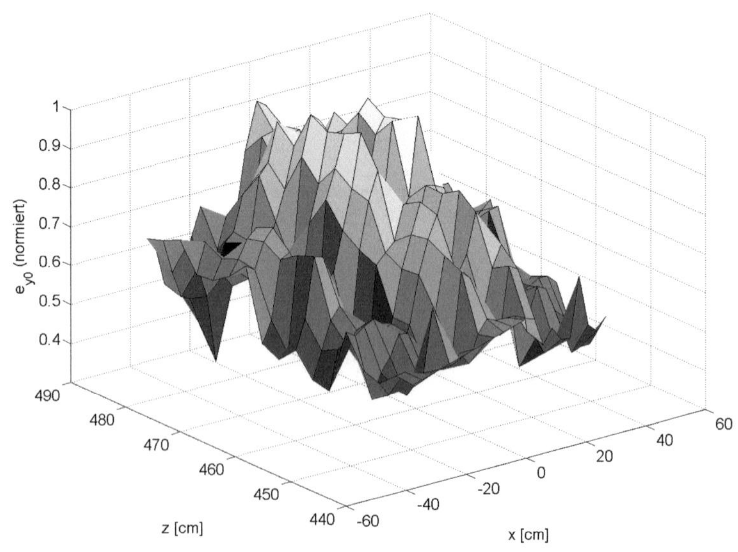

Abbildung 37: die normierte Darstellung des gemessenen Feldfaktors $e_{y0}(x,y=20\text{ cm},z)$ in der GTEM-5317 bei einer Frequenz von 3 GHz

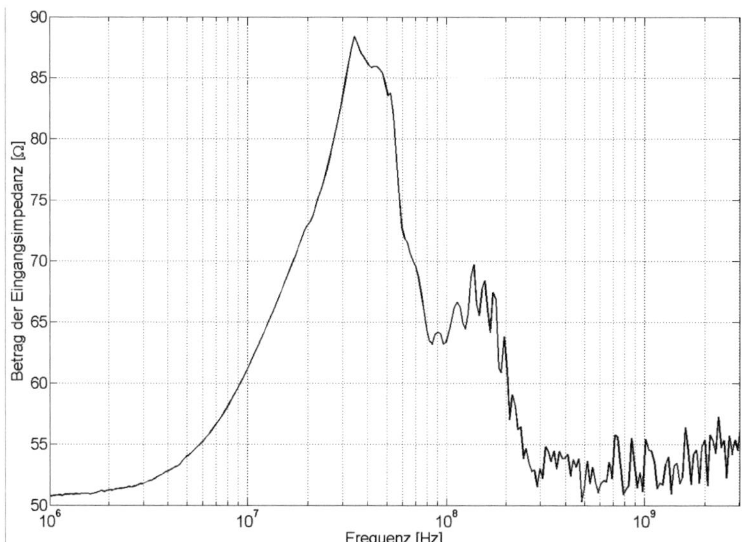

Abbildung 38: Betrag der Abschlussimpedanz der GTEM-5317 über die Frequenz aus Reflexionsmessung (S_{11}) mit einem Netzwerkanalysator

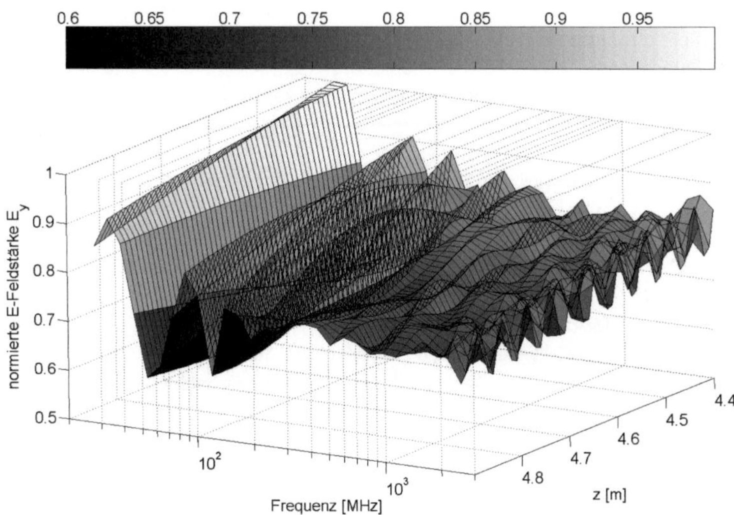

Abbildung 39: normierte Darstellung der Feldstärke in der GTEM-5317 entlang der z-Achse über die Frequenz

5.1.2 Untersuchung der Feldhomogenität in der x-y-Ebene der GTEM-5317

In einer GTEM-Zelle ist das Septum so befestigt, dass der Abstand zum Zellenboden wesentlich größer ist als zur Zellendecke. Es dient der Vergrößerung des Messvolumens, welches sich zwischen Septum und Zellenboden befindet. Die Größe des maximalen Messvolumens wird in [DI03] definiert. Dieses leitet sich aus den Geometriedaten ab, unter welchen bei idealer Wellenausbreitung ein genügend homogener Feldverlauf zu erwarten ist. Die Begrenzungen in x, y und z-Richtung dafür sind laut [DI03]:

- $-0{,}38\ h < x < 0{,}38\ h$
- $0{,}05\ h < y < 0{,}5\ h$ (0.33 h empfohlen)
- $z_{min} < z < z_{max}$.

Dabei ist h die Septumshöhe, und z_{min} und z_{max} sind die Grenzen, für die x und y gelten. Die Geometrie in einer GTEM-Zelle macht es laut Norm unnötig, die Homogenität über das gesamte Messvolumen zu untersuchen, sondern es reicht eine Analyse der x-y-Ebene zwischen z_{min} und z_{max} aus. Für diese Ebene muss dann hinreichende Homogenität erfüllt sein, um auf genügende Homogenität im gesamten Volumen zu schließen. Hinreichende Homogenität in der Ebene wird in der Norm folgendermaßen definiert [DI03]:

> „[...] müssen die Beträge der sekundären* (unerwünschten) elektrischen Feldkomponenten für mindestens 75% der Messpunkte in einem definierten Querschnitt des TEM-Wellenleiters (senkrecht zur Ausbreitungsrichtung) mindestens 6 dB kleiner als die primären Komponenten des elektrischen Feldes sein. [...]"

Die Feldhomogenität wird durch die folgenden Faktoren beeinflusst:

- **Zellengeometrie:** Die Feldverteilung, die sich aufgrund dieser einstellt (siehe Abbildung 4), führt grundsätzlich zu einem inhomogenen Feld im Messvolumen [Ko99].
- **Höhere Moden:** Die Ausbreitung und Überlagerung von anderen als der gewollten TEM-Welle führt zu Feldverzerrungen [Ko99], [Ha08d], [Ha08e].
- **Stehende Wellen:** Der nicht ideale Wellenabschluss in der GTEM-Zelle verursacht die Ausbreitung stehender Wellen für den TEM-Moden [Ha08d].
- **Beladung der Zelle (evtl. mit Masseverbindung des Prüflings):** Diese führt zu einer Veränderung der Wellenausbreitungsbedingungen, insbesondere der Geometrie in der Zelle und somit zu Feldverzerrungen [Is01], [Kä99], [Ha08b].

Um dieses Messvolumen und seine Homogenität untersuchen zu können, wurden Messungen in der x-y-Ebene der Zelle durchgeführt. Der verwendete Messaufbau ist in Abbildung 40 gezeichnet. Bei der folgenden Messung ist $\alpha=0$. Der Roboterarm bewegt den Sensor in der y-x-Ebene. Der Messaufbau bestand aus einem PC als zentrale

---

* sekundäre E-Feldkomponenten: E_x und E_z, primäre E-Feldkomponente: E_y

Steuereinheit, dem pneumatischen Roboter mit seiner elektrischen Ansteuerung, dem Sensor mit Basisstation und einem HF-Generator. Bei dieser Messung sorgte ein HF-Verstärker dafür, die Feldstärke auf ein mit dem RadiSense®-System gut messbares Niveau anzuheben. Die Messung wurden in der Ebene z=380 cm durchgeführt; daraus ergab sich an dieser Stelle eine Schnittebene des Messvolumens entsprechend den oben genannten Vorgaben von: x=-50..50 cm; y=5..50 cm [Ha08d]. Die Messauflösung betrug 20 x 25 Punkte. Abbildung 41 bis Abbildung 44 zeigen die Feldverteilung in der linken Hälfte der Schnittebene durch das Messvolumen. Dabei wird aufgrund der Symmetrie der GTEM-Zelle davon ausgegangen, dass die rechte Hälfte dazu spiegelsymmetrisch ist. Die dargestellten Feldverteilungen zeigen E_y und den Betrag der ungewollten Feldstärkekomponenten $(E_x^2+E_z^2)^{0.5}$.
In den vier Messungen (Frequenzen: 10 MHz, 100 MHz, 1 GHz und 3 GHz) zeigt sich bei den letzten beiden eine starke Frequenzabhängigkeit der Feldverteilung innerhalb der GTEM-Zelle.

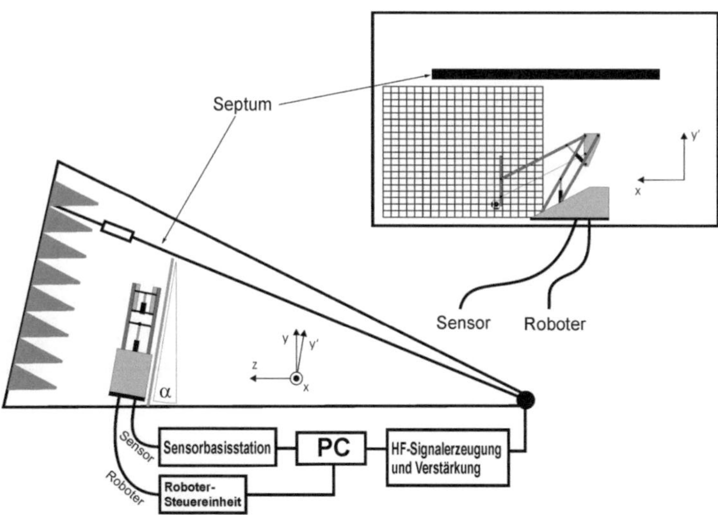

Abbildung 40: automatisiertes Messsystem (pneumatischer Roboter) in der GTEM-5317 zur Bestimmung der Feldverteilung in der x-y'-Ebene; unten: Längsschnitt der GTEM-Zelle; oben: Querschnitt der GTEM-Zelle für α=10°; das Gitter stellt schematisch den Messbereich dar

Die Gründe liegen in baulichen Abweichungen von einer idealen GTEM-Zelle sowie in der Ausbreitung essentieller höherer Moden [Ko99], [Gr99]. Die Überlagerung von hin- und rücklaufender TEM-Welle ist in diesen Messungen nicht, bzw. nur kaum zu erfassen. Diese wirkt sich nur auf die Amplitude der Messwerte aus und erzeugt lediglich eine marginale Verzerrung des Feldes in der Messebene, welche durch den kurvenförmigen Feldstärkeverlauf in der y-z-Ebene bedingt ist (in Abbildung 4 schematisch dargestellt). Die Werte in den Messungen für 10 MHz und 100 MHz unterscheiden sich kaum voneinander. Das Feldbild ist hier noch näherungsweise identisch mit dem für Gleichstrom, welches z.B. über konforme Abbildungen einfach errechnet werden kann [Wa93], [Hu94].

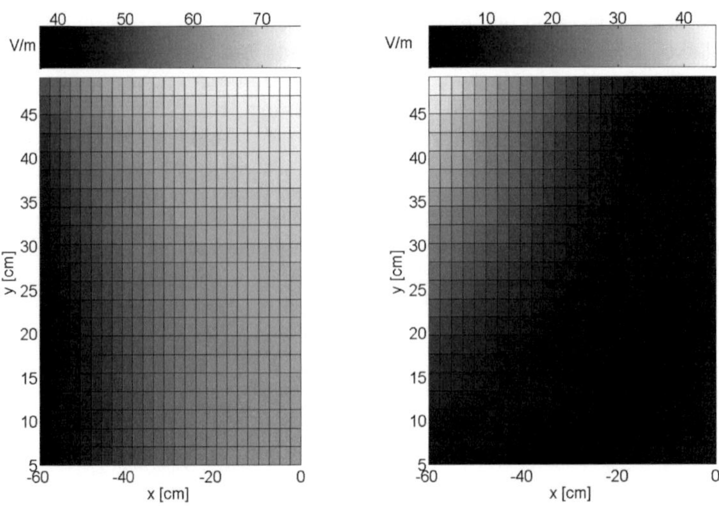

Abbildung 41: gemessene Feldstärkeverteilung in der x-y-Schnittebene bei z=390 cm bei einer Frequenz von 10 MHz; links: E_y; rechts: $(E_x^2+E_z^2)^{0.5}$)

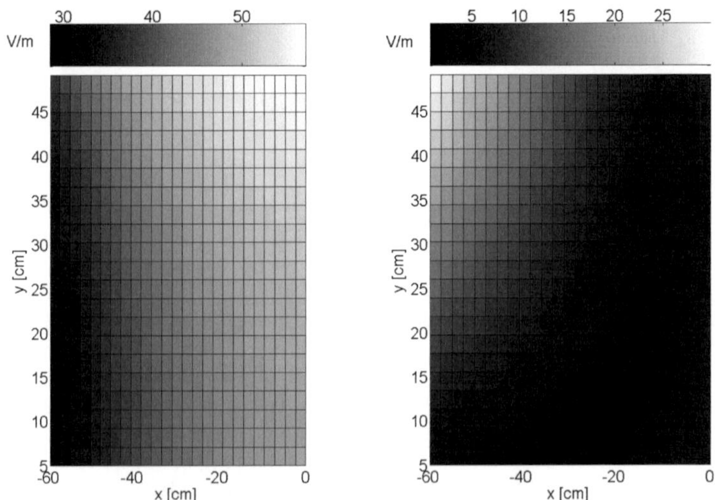

Abbildung 42: gemessene Feldstärkeverteilung in der x-y-Schnittebene bei z=390 cm bei einer Frequenz von 100 MHz; links: E_y; rechts: $(E_x^2+E_z^2)^{0.5}$)

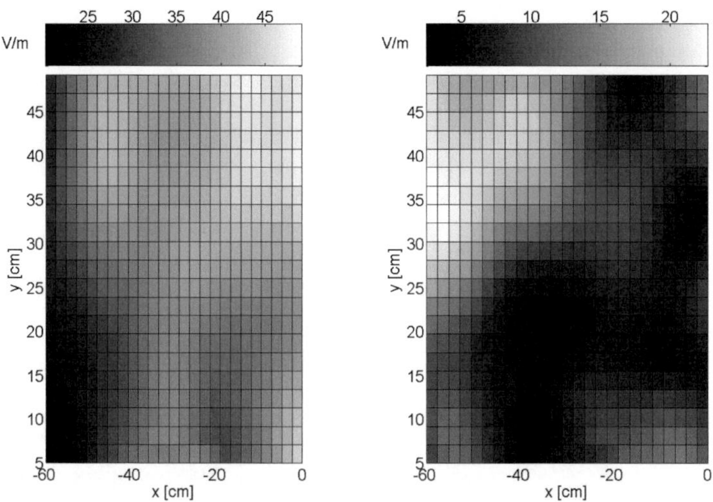

Abbildung 43: gemessene Feldstärkeverteilung in der x-y-Schnittebene bei z=390 cm bei einer Frequenz von 1 GHz; links: E_y; rechts: $(E_x^2+E_z^2)^{0.5}$)

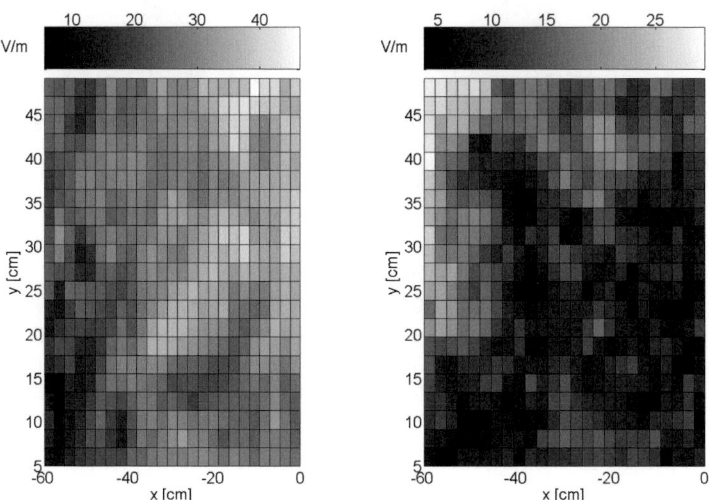

Abbildung 44: gemessene Feldstärkeverteilung in der x-y-Schnittebene bei z=390 cm bei einer Frequenz von 3 GHz; links: E_y; rechts: $(E_x^2+E_z^2)^{0.5}$)

Die Messwerte für 1 GHz und 3 GHz zeigen klar, dass dieses einfache Gleichstrommodell nicht mehr den tatsächlichen Gegebenheiten in der Zelle genügt und

Feldberechnungen nur auf der Grundlage von Wellenausbreitungsbetrachtungen durchgeführt werden müssen [Ha08d].

Da in diesem Frequenzband baulich bedingte, also nicht essentielle höherer Moden ausbreitungsfähig werden [Kä99], ist nur eine Messung sinnvoll, und eine Simulation wurde nicht zur Untersuchung herangezogen.

Bei der 3-GHz-Messung kam es auch hier durch die Größe des Messkopfes zu einer gewissen Unschärfe, da die Welligkeit der Amplitudenverteilung die gleiche Größenordnung der Abmessung besitzt.

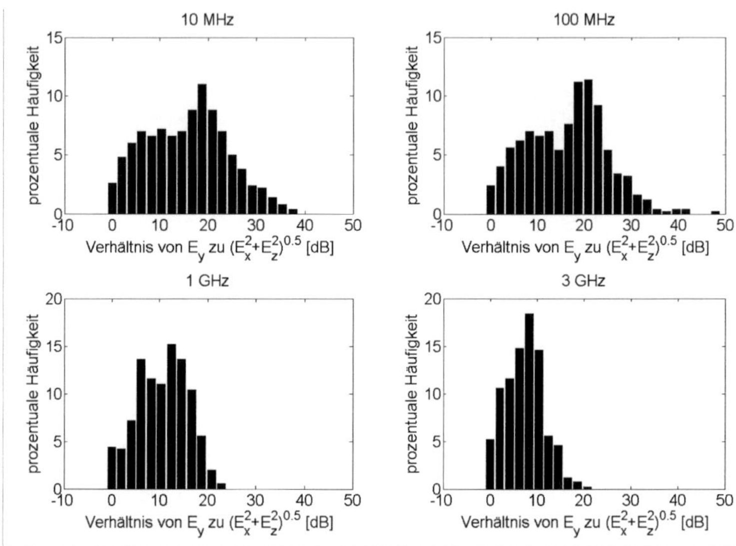

Abbildung 45: prozentuale Häufigkeitsverteilung der Feldstärkeverhältnisse: E_y zu $(E_x^2+E_z^2)^{0.5}$; Messwerte aus der x-y-Schnittebene bei z=390 cm

Wie in Abbildung 45, den Diagrammen der Häufigkeitsverteilung der Feldstärkequotientien E_y zu $(E_x^2+E_z^2)^{0.5}$, zu erkennen ist, ähneln sich auch hier die Diagramme der Messwerte für 10 MHz und 100 MHz. Ihre grafischen Signaturen sind zwar kein Garant für die den obigen Vorgaben entsprechende Homogenität, geben aber Aufschluss über den Grad der Feldverzerrung. Eine Analyse, wie sie detailliert in [Ha08d] nach Vorgaben der Norm durchgeführt wurde, gibt Aufschluss darüber, ob das Feld in der Schnittebene und damit unter Umständen auch das gesamte Messvolumen hinreichend homogen ist.

5.1.3 Untersuchung der Modenausbreitung in der GTEM-5317

Im Folgenden soll nun auf die Messung sich ausbreitender höherer Moden eingegangen werden. Die Feldstärke wurde in der Messebene mit sehr hoher Auflösung (40 x 40 Punkte) bestimmt und aus vier Messungen zusammengesetzt. Der Messaufbau entspricht dem in Abbildung 40 gezeigten. Die x-y'-Messebene ist um $\alpha=10°$ geneigt* und schneidet den Zellenboden bei z=410 cm. Aus Symmetriegründen wurde wieder nur eine Hälfte der Messebene vermessen. Die Feldstärke wurde mit dem RadiSense®-System bestimmt [Ha08e]. Ein Verstärker war dem Frequenzgenerator zur Erzeugung genügend großer Feldstärken nachgeschaltet, und ein PC steuerte den automatischen Messprozess.

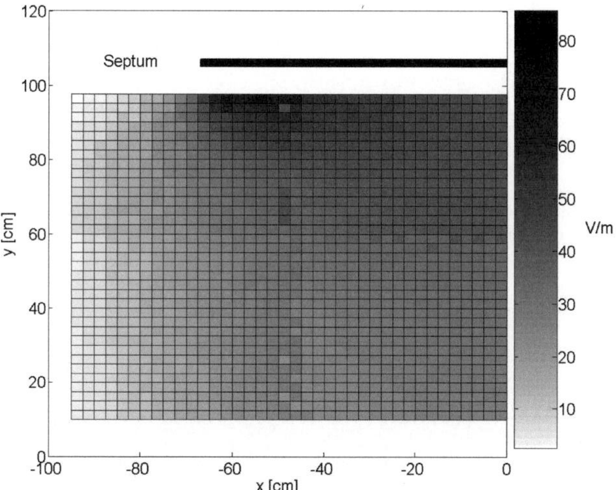

Abbildung 46: gemessene Feldstärkeverteilung von E_y in der x-y'-Messebene bei z=410 cm bei einer Frequenz von 10 MHz

Die in Abbildung 46 und Abbildung 47 für 10 MHz dargestellten Feldverläufe der y- und z-Komponente des E-Feldes sind repräsentativ für Frequenzen bis etwa 100 MHz; danach kommt es zu einem stark frequenzabhängigen Feldverlauf, da höhere Moden in der GTEM-5317 ausbreitungsfähig werden [Ha08d], [AH08], [Ko99].

Die lokal erhöhte Feldamplitude bei einer Frequenz von 10 MHz (in den Abbildungen entsprechend dunkel eingezeichnet) wird durch die Geometrie der Zelle verursacht. - Trotz der bei dieser Frequenz anzunehmenden extrem dominanten TEM-Welle verschwindet E_z nicht. Dieses liegt zum einen an der Ausbreitung einer Quasi-TEM-Welle, wie sie bei realen Systemen stets vorliegt und an der Tatsache, dass die Welle über eine so große Messfläche nicht als eben angesehen werden kann.

* Unter diesem Neigungswinkel ist die Schnittebene der GTEM-Zelle rechteckig, was für die analytische Untersuchung höherer Moden einfacher ist und dieses auch in diesbezüglicher Literatur, wie z.B. in [Ko99], als Bezugsebene gewählt wird.

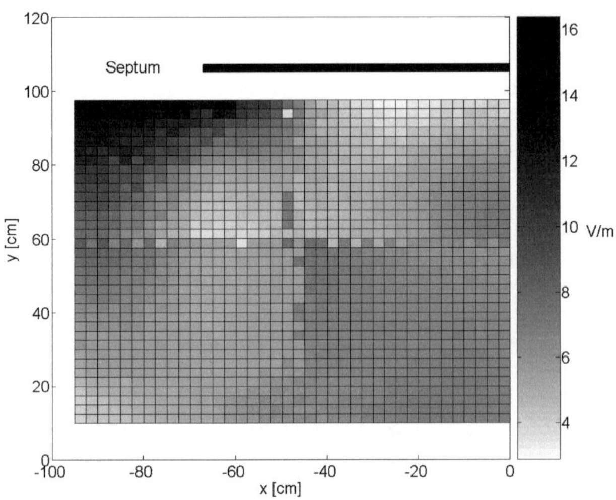

Abbildung 47: gemessene Feldstärkeverteilung von E_z in der x-y'-Messebene bei z=410 cm bei einer Frequenz von 10 MHz

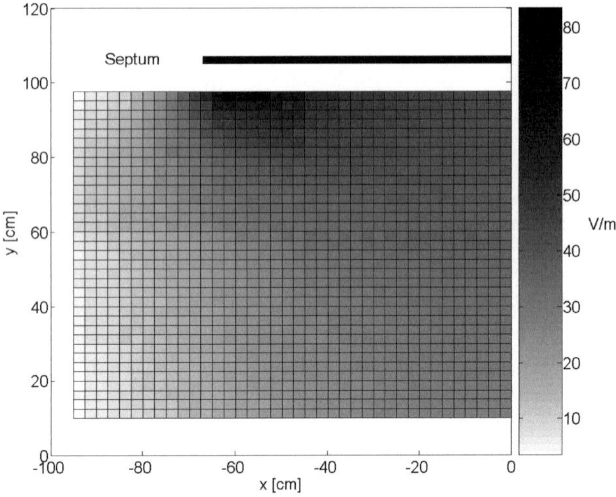

Abbildung 48: gemessene Feldstärkeverteilung von E_y in der x-y'-Messebene bei z=410 cm bei einer Frequenz von 156 MHz

Bei einer Frequenz von 156 MHz (Abbildung 48 und Abbildung 49) breitet sich zusätzlich zur TEM-Welle eine E_{113}-Welle aus. Sie weist, wie in Abbildung 49 deutlich zu erkennen ist, eine starke E-Feldstärke in z-Richtung auf. Dieses konnte in [AH08] auch analytisch nachgewiesen werden, wobei darauf hingewiesen werden muss, dass die dort untersuchte Zelle etwas größer in jeder Dimension war, was die gefundene Frequenz dementsprechend nach unten korrigiert.

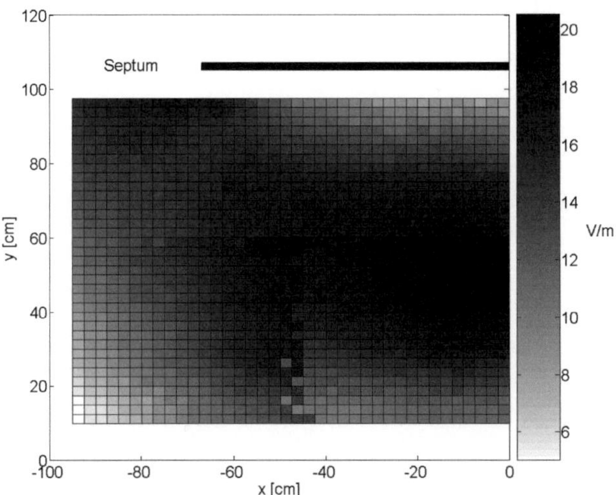

Abbildung 49: gemessene Feldstärkeverteilung von E_z in der x-y'-Messebene bei z=410 cm bei einer Frequenz von 156 MHz

Um Feldbilder durch eine numerische Simulation verifizieren zu können, wurde ein Modell der GTEM-Zelle mit der Simulationssoftware CONCEPT erstellt. Die verwendete Struktur, spiegelsymmetrisch zur y-z-Ebene, ist in Abbildung 50 dargestellt. Die Berechnungen belegen, dass der gemessene Mode fundamental ist und nicht nur auf Grund baulicher Ungenügendheiten entsteht, die es im Modell nicht gibt. Die Modellierung der HF-Absorber in einer GTEM-Zelle ist recht schwierig zu realisieren, wenn ein realitätsnahes Verhalten modelliert werden soll [Th06], [Ha95], [Bö97], [DL96]. In der durchgeführten Simulation wurde im Modell darauf verzichtet.

Der Wellenabschluss wurde dementsprechend nur mit verteilten Lastimpedanzen (die Verteilungsfunktion entspricht der der GTEM-5317) realisiert und die Simulation entsprechend nur für niedrige Frequenz durchgeführt. Für die Frequenz von 156 MHz ist dieses Modell grundsätzlich bereits als kritisch einzustufen. - Die gefundenen Ergebnisse, welche auch eine starke Präsenz einer E-Welle zeigen, beweisen allerdings die Benutzbarkeit des Modells. Wie aus Abbildung 51 und Abbildung 52 ersichtlich ist, besitzen Messung und Simulation Übereinstimmungen sowohl im Feldverlauf als auch in der Amplitude; auch die Ausbreitung des E_{11z}-Modes ist in der Simulation zu erkennen.

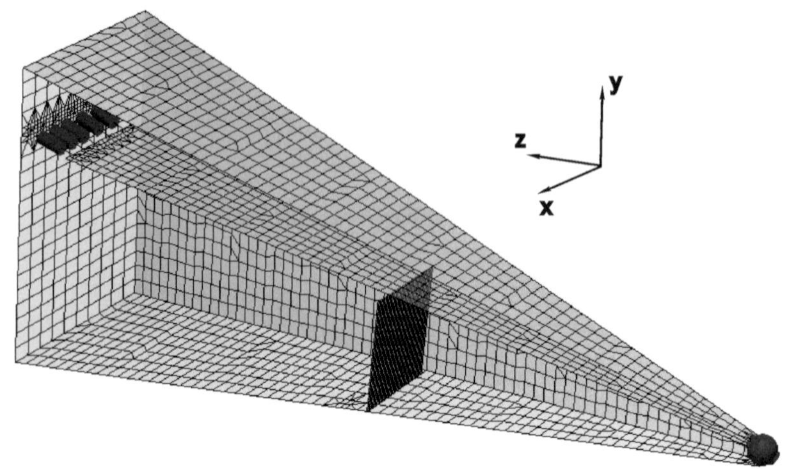

Abbildung 50: 3-D-Modell der GTEM-Zelle (spiegelsymmetrische Hälfte) für Feldberechnungen mit CONCEPT

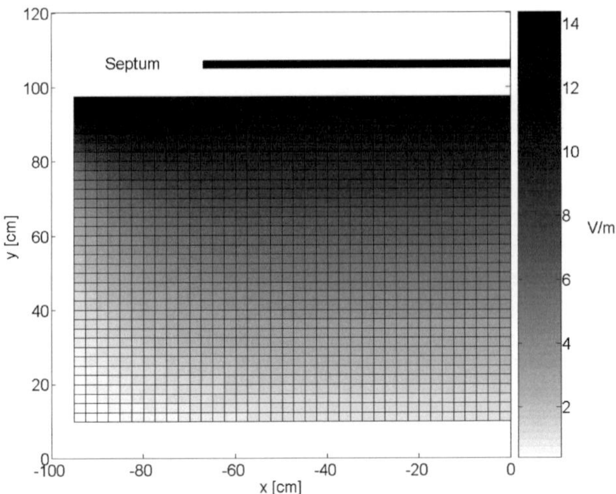

Abbildung 51: mit CONCEPT simulierte Feldstärkeverteilung E_z in der x-y'-Ebene bei z=410 cm bei einer Frequenz von 10 MHz

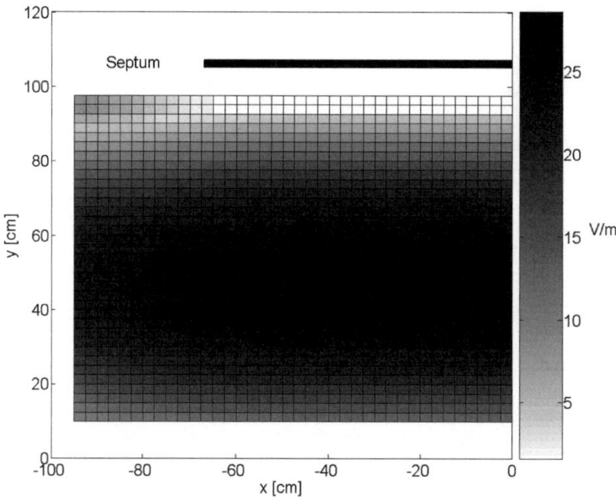

Abbildung 52: mit CONCEPT simulierte Feldstärkeverteilung E_z in der x-y'-Ebene bei z=410 cm bei einer Frequenz von 156 MHz

5.1.4 Untersuchung der Feldverzerrungen durch Beladung der GTEM-5317

Im Folgenden werden Feldverzerrungen durch Beladen (z.B. mit einem Prüfling) der GTEM-Zelle untersucht. Eine generelle Aussage über die Art und Stärke solcher Feldverzerrungen zu machen, ist nicht möglich, da diese vom Prüfling (Größe, Form, Materialparameter, bestehende Masseverbindung, etc.) abhängt. Die messtechnische und simulationsgestützte Untersuchung liefert jedoch Erkenntnisse, die eine Einschätzung derartiger Feldverzerrungen bei verschiedenen Frequenzen erlaubt. Zu diesem Zweck wurde eine Prüflingsatrappe untersucht, die in ihren geometrischen Dimensionen und dem Material einem möglichen Prüfling für Kopplungsuntersuchungen in einer GTEM-Zelle entspricht. Bei dem Objekt handelte es sich um ein Aluminiumgehäuse (Abmessungen: dx=30 cm, dy=11 cm und dz=20 cm). Ein weiblicher N-Stecker (Ausführung mit Flansch) war leitend mit dem Gehäuse verbunden. Er besaß keinen Innenleiter, sondern sollte nur zur Masseverbindung mit dem Gehäuse dienen, um die Verwendung von Koaxialkabeln in typischen Messaufbauten zu simulieren, die eine Masseverbindung mit der GTEM-Zelle herstellen (z.B., wenn dem Prüfling HF-Leistung von außen zugeführt werden muss – passiver Prüfling). Solch eine Verbindung, wie sie bei Messungen in GTEM-Zellen oft vorkommt, führt in der NF-Betrachtung zu einer lokalen Veränderung der Zellengeometrie durch den niederohmigen Zusammenschluss zwischen Metallgehäuse und Zellenboden. Damit verringert sich lokal der Wellenwiderstand nach (19), wobei durch Reduktion des Abstandes der GTEM-Zellenleiter (Septum und Zellenaußenwand) C' erhöht wird. Dieses sorgt für eine Abweichung des Wellenwiderstands von 50 Ω, was zu

Reflexionen in der Wellenausbreitung führt. Die Beladung sorgt außerdem als Störstelle für die zusätzliche Ausbreitung (nicht essentieller) höherer Moden [Kä99].

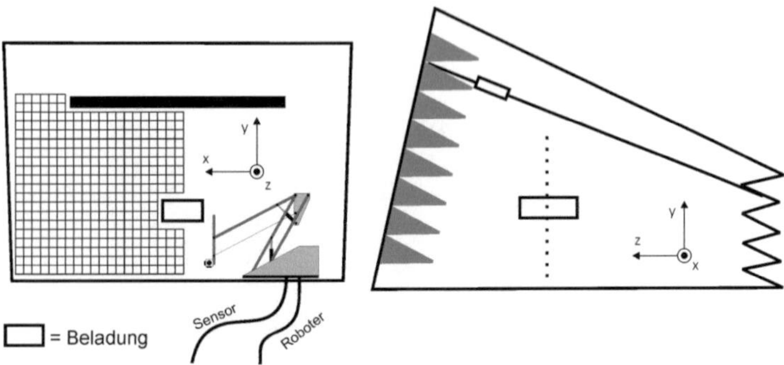

Abbildung 53: automatisiertes Messsystem (pneumatischer Roboter) in einer GTEM-Zelle zur Bestimmung der Feldverteilung in der x-y-Ebene für verschiedene Beladungs-zustände der GTEM-Zelle; links: Querschnitt der GTEM-Zelle (das Gitter stellt schematisch den Messbereich dar); rechts: Längsschnitt der GTEM-Zelle

Wie in Abbildung 53 zu erkennen ist, befand sich der Prüfling in der GTEM-Zelle an der Position x=0, y=45 und z=480 (Mittelpunkt des Prüflings). Er wurde dort mittels einer Holzkonstruktion in der Weise gehalten, dass es möglich war, den Messkopf um ihn herum zu führen. Zu diesem Zweck wurde der verwendete Sensor des RadiSense®-Sytems mit einem 15 cm langen Holzarm in z-Richtung am Roboter montiert. Die Steuerung von HF-Generator, Messwertaufnehmer und Roboter übernahm wieder ein PC. Die Messebene setzt sich aus vier einzelnen Messbereichen zusammen, was zu einer Gesamtauflösung von 40 x 40 Punkten in der Messfläche führt.
Um verschiedene Beladungszustände nachzuahmen, wurde das Feldbild bei den folgenden Szenarien vermessen:

- Die GTEM-Zelle ist leer (Referenz).
- Die GTEM-Zelle ist mit dem Metallgehäuse beladen.
- Die GTEM-Zelle ist mit dem Metallgehäuse beladen. Zusätzlich sind Metallgehäuse und Zellemasse leitend verbunden (Kabellänge: 1 m).
- Die GTEM-Zelle ist mit dem Metallgehäuse beladen. Zusätzlich sind Metallgehäuse und Zellemasse leitend verbunden (Kabellänge: 1 m). Auf dem Kabel befindet sich ein für HF-Messungen typischer Klappferrit* für diesen Frequenzbereich zur Dämpfung von Mantelwellen.

Die Vektorpfeilgrafiken in Abbildung 54 bis Abbildung 57 sind normierte Darstellungen, deren jeweilige Pfeillängen nicht den Vergleich zweier Grafiken erlauben.
Abbildung 54 bis Abbildung 56 zeigen die gemessenen Feldverteilungen von E_x und E_y in der Messebene nach Betrag und Richtung für die vier verschienen Beladungszustände in der GTEM-Zelle. Für die Frequenzen 1 MHz und 46 MHz zeigt sich deutlich, wie in der Umgebung des Metallgehäuses der Feldlinienverlauf durch

* Der Klappferrit (relative Permittivität: μ_r=1000) besitzt die Form eines Toroids. Seine Abmessungen betragen: (Länge x Innendurchmesser x Außendurchmesser) 28 mm x 13 mm x 25 mm.

dessen Anwesenheit gestört wird. Die zusätzliche Erdung des Gehäuses verstärkt diesen Effekt. Die Entkopplung der Potentiale, die der Klappferrit auf der Masseverbindung erzeugen soll, ist bei 46 MHz gering, bei 1 MHz nicht erkennbar.

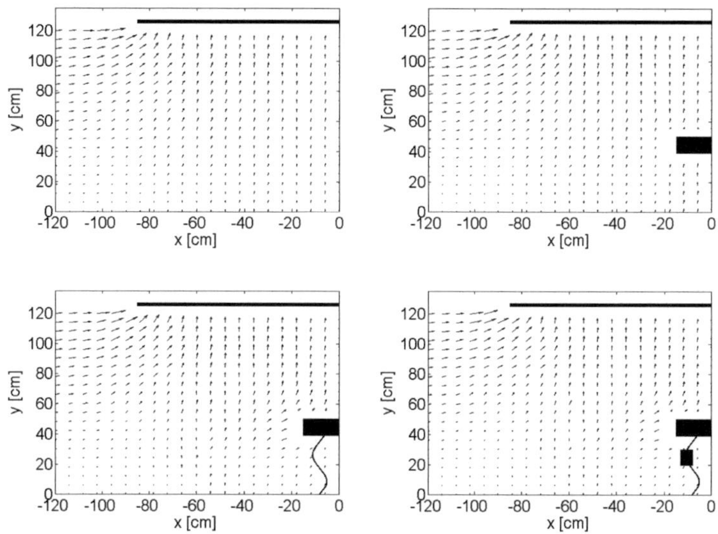

Abbildung 54: normierte gemessene Feldstärkeverteilung nach Betrag und Richtung bei 1 MHz; oben links: leer GTEM-Zelle; oben rechts: GTEM-Zelle mit Metallgehäuse beladen; unten links: GTEM-Zelle mit geerdetem Metallgehäuse beladen; unten rechts: GTEM-Zelle mit Metallgehäuse beladen (Ferrit auf Verbindungskabel zur GTEM-Zelle)

In Abbildung 56, die Messfrequenz beträgt 1 GHz, ist die Änderung der Feldverteilung durch das Metallgehäuse geringer als bei den beiden niedrigeren Frequenzen. Auch hier zeigt der Klappferrit keine deutlich erkennbare Wirkung in der Entkopplung. Die Grundinduktivität, die das 1 m lange Kabel in diesem Messaufbau besitzt, ist scheinbar für eine Entkopplung ausreichend.

Abbildung 57 zeigt die simulierte Feldverteilung. Die Daten wurden numerisch mit CONCEPT generiert. Die dabei als Modell benutzte Struktur entspricht der in Abbildung 50 gezeigten, wobei das Metallgehäuse in das Innere der Zelle gemäß dem Messaufbau eingefügt wurde. Es kann davon ausgegangen werden, dass die Beladung zur erhöhten Anregung höherer Moden führt. Diese können in der realen GTEM-Zelle nur von den Pyramidenabsorbern bedämpft werden, welche im Simulationsmodell nicht berücksichtigt wurden. Aus diesem Grund wurde die Simulation nur für 1 MHz durchgeführt. Das Ergebnis der Simulation weist große Übereinstimmung der Feldverläufe mit der korrespondierenden Messung auf.

Die Messungen zeigen, dass es, wie zu erwarten, durch Anwesenheit des Metallgehäuses zu Feldverzerrungen kommt, die sich durch eine leitende Verbindung des Metallgehäuses mit dem GTEM-Zellenboden extrem verstärkten. Der Effekt sinkt jedoch mit der Frequenz, was am zunehmenden Blindwiderstand des Kabels liegt.

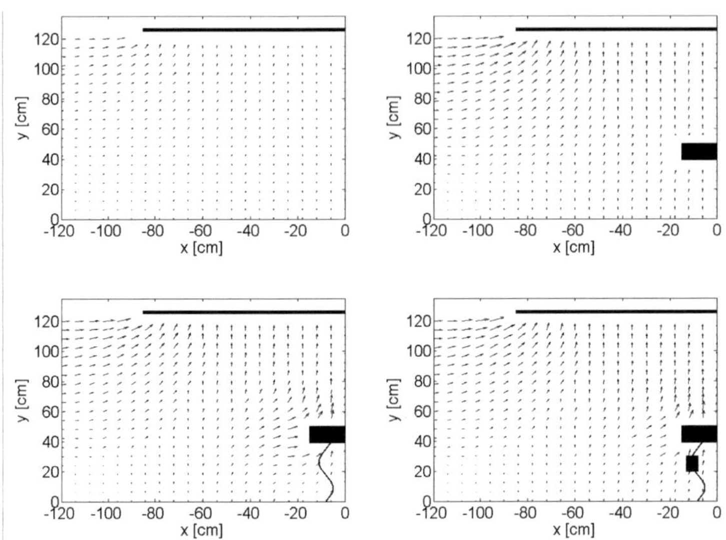

Abbildung 55: normierte gemessene Feldstärkeverteilung nach Betrag und Richtung bei 46 MHz; oben links: leer GTEM-Zelle; oben rechts: GTEM-Zelle mit Metallgehäuse beladen; unten links: GTEM-Zelle mit geerdetem Metallgehäuse beladen; unten rechts: GTEM-Zelle mit Metallgehäuse beladen (Ferrit auf Verbindungskabel zur GTEM-Zelle)

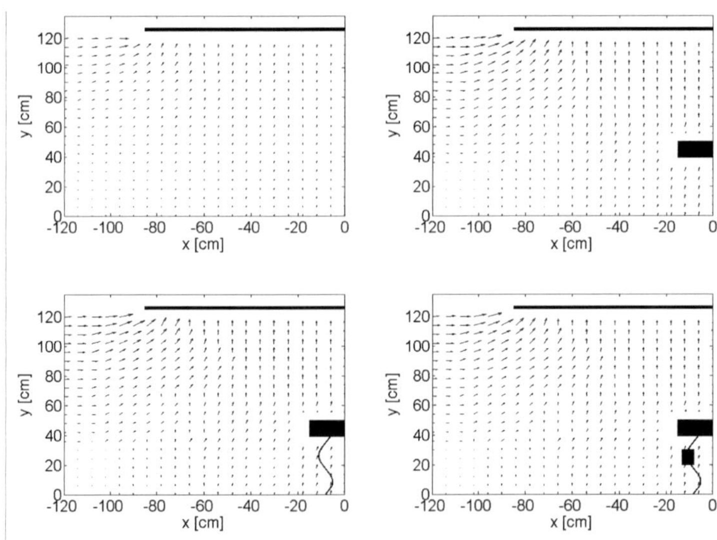

Abbildung 56: normierte gemessene Feldstärkeverteilung nach Betrag und Richtung bei 1 GHz; oben links: leer GTEM-Zelle; oben rechts: GTEM-Zelle mit Metallgehäuse beladen; unten links: GTEM-Zelle mit geerdetem Metallgehäuse beladen; unten rechts: GTEM-Zelle mit Metallgehäuse beladen (Ferrit auf Verbindungskabel zur GTEM-Zelle)

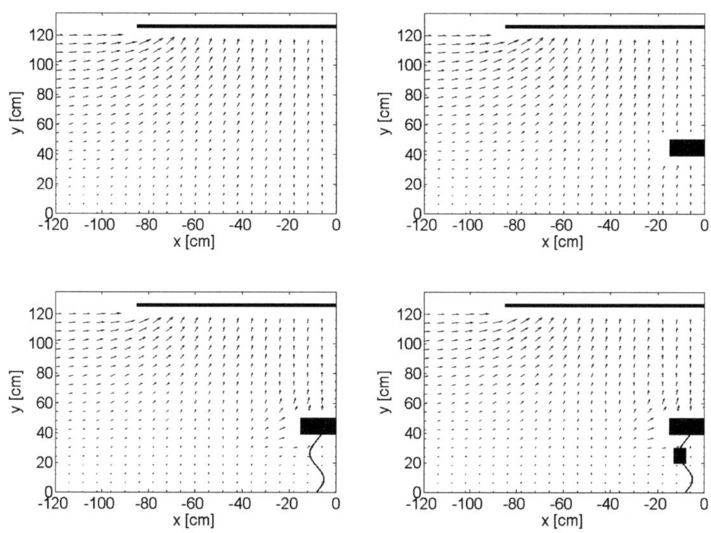

Abbildung 57: normierte berechnete Feldstärkeverteilung nach Betrag und Richtung bei 1 MHz; oben links: leer GTEM-Zelle; oben rechts: GTEM-Zelle mit Metallgehäuse beladen; unten links: GTEM-Zelle mit geerdetem Metallgehäuse beladen; unten rechts: GTEM-Zelle mit Metallgehäuse beladen (Ferrit auf Verbindungskabel zur GTEM-Zelle)

5.2 Feldkopplungsmessung von Prüflingen in einer GTEM-Zelle in Abhängigkeit der Ausrichtung

Bei Feldkopplungen zwischen Prüfling und Messantenne ist es wichtig, die Analyse unter Berücksichtigung verschiedener Ausrichtungen vorzunehmen [Ha08f]. Bei komplexen Strahlern, wie z.B. Platinen kann keine a-priori-Aussage über die Ausrichtung des Feldvektors mit größter Kopplung gemacht werden, speziell wenn die Wellenlänge in der Größenordnung der Platinenabmessung oder sogar deutlich darunter liegt. Dann reicht es nicht aus, Messungen nur in drei oder sechs Ausrichtungen oder ähnlich geringer Anzahl durchzuführen, sondern der Prüfling muss hoch aufgelöst in Bezug auf seine Ausrichtung vermessen werden [Ha08f].

Oft sind Freifeldmessungen aufgrund des sich überlagernden Hintergrundspektrums nicht möglich, so dass die Messungen in einer Messkabine durchgeführt werden müssen, wie z. B. in einer GTEM-Zelle als Alternative zur Absorberhalle [Hu03].

Die Aufnahme der Feldkopplung über die Ausrichtung des Messobjektes kann unter bestimmten Voraussetzungen mittels verschiedener Algorithmen die vermessenen Strahler charakterisieren helfen. Im folgenden Abschnitt werden neben einer richtungsempfindlichen Analyse der Feldkopplung einer Platine auch die Elementardipolmomente über ein äquivalentes Multipolmodell von zwei Antennen bestimmt.

5.2.1 Richtungsabhängige Feldkopplungsmessung einer Platine

Um eine hoch aufgelöste richtungsabhängige Kopplungsuntersuchung durchführen zu können, wurde der in Abbildung 58 dargestellte Versuchsaufbau unter Verwendung des hydraulischen Roboters benutzt.

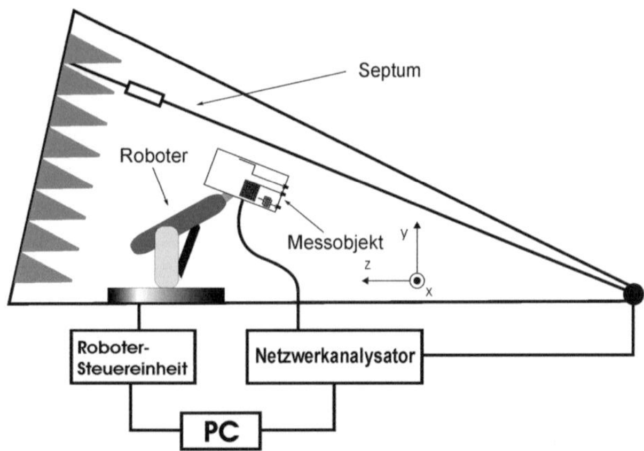

Abbildung 58: automatisiertes Messsystem (hydraulischer Roboter) in einer GTEM-Zelle zur Bestimmung der richtungsabhängigen Feldkopplung unter Benutzung eines Netzwerkanalysators

Der Prüfling war eine zweilagige Standardplatine* mit Massefläche, wie in Abbildung 59 skizziert, die verschiedene Leiterbahnen mit SMA-Schraubverbindern besaß. Diese drei Formen (Z-Form, Spirale und Doppel-Gabel) geben als Kopplungspfade wirkende Leitderbahnstrukturen wieder. Jede dieser drei Strukturen weist ein sehr unterschiedliches Koppelverhalten sowohl über die Frequenz, als auch in Bezug auf den primär koppelnden Feldtyp (elektrisch/magnetisch) auf.

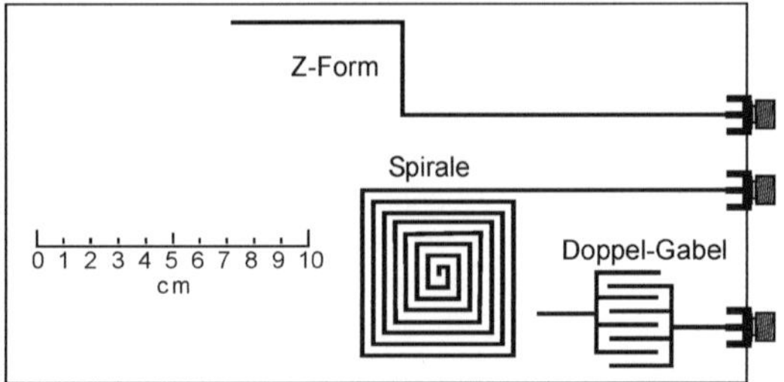

Abbildung 59: Prüfling für die richtungsabhängige Feldkopplung: Standard-1,5-mm-Platine mit rückseitiger Massefläche; das Ende der Z-Form-Leitung ist offen; die beiden anderen (Spirale und Doppel-Gabel) sind an ihren Enden zur Massefläche hin durchkontaktiert

In drei Messungen wurde nacheinander jede der drei Leiterbahnen mit einem Netzwerkanalysator verbunden, dessen Generatorseite den Eingang der GTEM-Zelle

* Materialtyp: FR4 - Epoxidharz mit Glasfasergewebe; Materialstärke: 1,5 mm

speiste. Die in der Zelle verlegten Messkabel wurden mit Ferriten bestückt. Ein PC steuerte die Messwertaufnahme und positionierte den Roboter.

Für die Kopplungsmessung wurde jeder Prüfling in jeweils 1092 Ausrichtungen* vermessen (die Koordinaten entsprechen denen aus Abbildung 17):

- ϕ_1=0°..360° in 30°-Abständen,
- θ=0°..90° in 15°-Abständen und
- ϕ_2=Polarisation=0°..360° in 30°-Abständen.

In der Auswertung wurde für jede Frequenz die maximale sowie die minimale Amplitude der Kopplung (S_{21}) ermittelt. In den folgenden drei Abbildungen sind die Ergebnisse grafisch über die Frequenz dargestellt. Die eingetragene Kurve der Kopplung über Sekundärpfade (Kabel, Stecker, etc.) wurde in einer separaten Ausrichtungssequenz gemessen und ist mit „Rauschen" beschriftet. Dafür wurde das koaxiale Zuleitungskabel mit einem 50-Ω-Widerstand abgeschlossen, ohne mit dem Prüflings leitend verbunden zu sein. Für jede Frequenz wurde die Einkopplung in diese sekundären Kopplungspfade über alle Ausrichtungen (Bewegung des Kabels) gemessen.

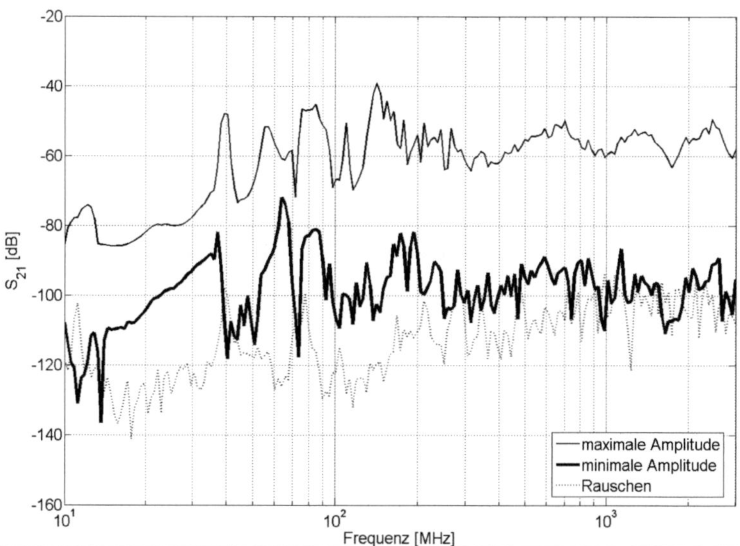

Abbildung 60: maximale und minimale Amplitude der Feldkopplung der Z-Form-Struktur sowie das Rauschniveau (worst-case) der Messung über die Frequenz

Da sich bei der Vermessung das Kabel nicht vollständig reproduzierbar in seiner ganzen Länge bewegt, wurden Maximalwerte verwendet. Somit kann dieses als Worst-Case-Messungenauigkeit angesehen werden. Da nur an diskreten Ausrichtungen gemessen wurde, kann der wahre maximale Wert höher bzw. das Minimum niedriger

* Aufgrund der Singularität, die die Mechanik aufweist, beträgt die effektive Anzahl der Ausrichtungen weniger als das Produkt der einzelnen Winkeldiskretisierungen.

liegen als die gefundenen. Trotzdem zeigen sich schon bei den vermessenen Ausrichtungen Abstände von Maximum zu Minimum von über 40 dB für weite Bereiche des Frequenzspektrums. An einzelnen Frequenzpunkten wird dieser Wert sogar weit überstiegen. An den Stellen, an denen das Kopplungsminimum vom eingezeichneten Rauschniveau überstiegen wird, ist letzteres als Minimum der Einkopplung zu sehen.

Die Analyse wurde auch auf eine simulierte Einkopplung eines UWB-Pulses erweitert. Dabei wurde von einem bandbegrenzten (untere Bandgrenze: 10 MHz; obere Bandgrenze: 3 GHz) unipolaren UWB-Puls ausgegangen, wie er in Abbildung 63 mit dem zeitlichen Verlauf eines theoretischen Pulses, in [St89] beschrieben, eingezeichnet ist. Der simulierte in die GTEM-Zelle eingespeiste Puls besaß eine maximale Amplitude von ca. 14,5 kV.

In Abbildung 64 ist der in die Struktur „Spirale" eingekoppelte Puls, an einem 50-Ω-Eingangswiderstand gemessen, in Abhängigkeit der Zeit dargestellt. Die beiden Kurven geben zwei Prüflingsausrichtungen wieder, bei denen der Puls mit maximaler und minimaler Energie in die Struktur einkoppelt.

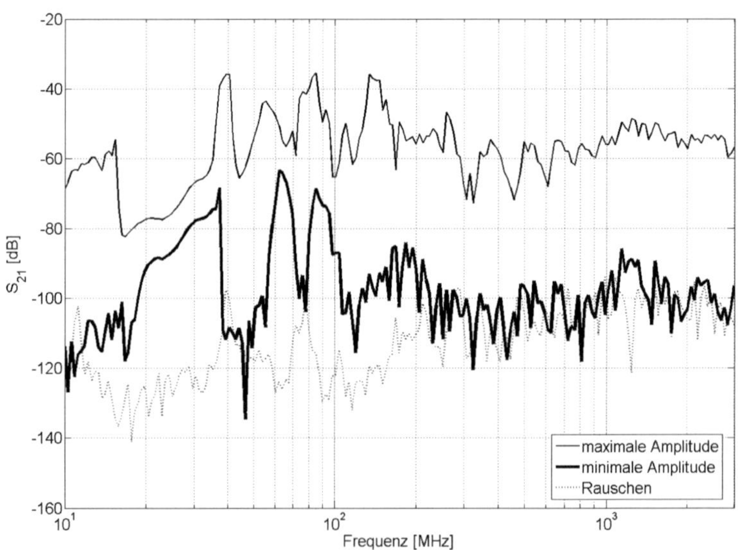

Abbildung 61: maximale und minimale Amplitude der Feldkopplung der Spiral-Struktur sowie das Rauschniveau (worst-case) der Messung über die Frequenz

Die Betrachtung der maximalen oder minimalen Kopplung über die 201 gemessenen Frequenzpunkte bei jeder der drei Strukturen stellt keine feste Ausrichtung des Prüflings heraus, sondern diese variieren stark mit der Messfrequenz. Es ist damit bei Kopplungsstrukturen dieser Komplexität nicht mehr möglich, über eine Messung in drei oder sechs Ausrichtungen eine gesamtspektrale Aussage zu treffen! Beispielhaft sind für die Struktur der „Doppel-Gabel" die Ausrichtungen mit maximaler Amplitude über die Frequenz in Abbildung 65 dargestellt. In der Grafik ist jede Messfrequenz mit einem Punkt gekennzeichnet. Die Koordinaten und die Grauschattierung geben Aufschluss über die Ausrichtung bzgl. der θ-, ϕ_1- und ϕ_2- bzw. Polarisationsachse. Frequenzpunkte mit identischer Ausrichtung verdecken sich. Alle Punkte sind mit Linien verbunden, die den Frequenzverlauf monoton steigend darstellen. Das Spektrum beginnt bei 10 MHz (markiert mit einem Dreieck) und endet bei 3 GHz (markiert mit einem Stern).

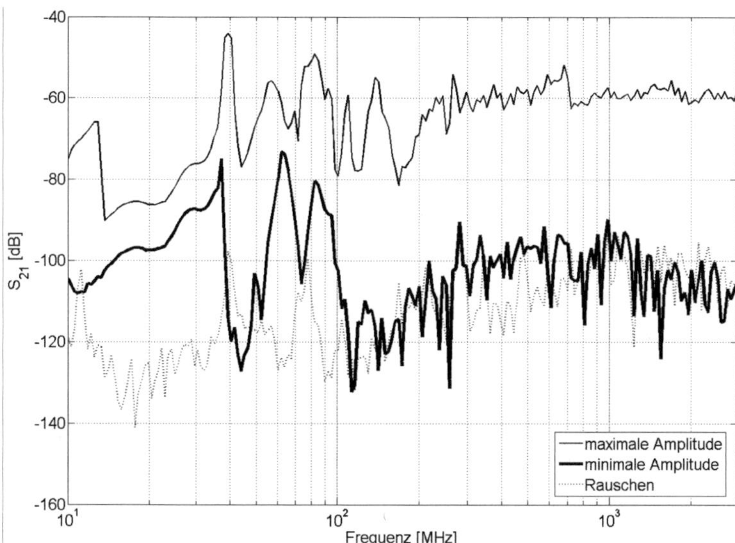

Abbildung 62: maximale und minimale Amplitude der Feldkopplung der Doppel-Gabel-Struktur sowie das Rauschniveau (worst-case) der Messung über die Frequenz

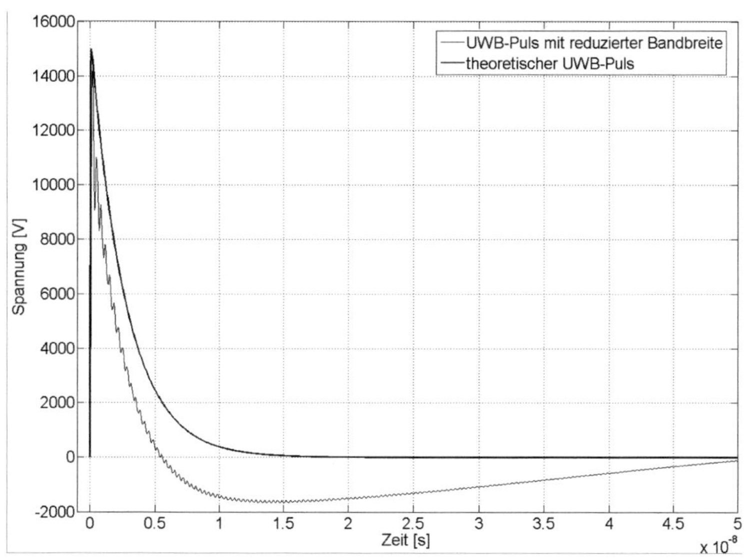

Abbildung 63: unipolarer UWB-Puls (theoretischer und bandbegrenzter Verlauf)

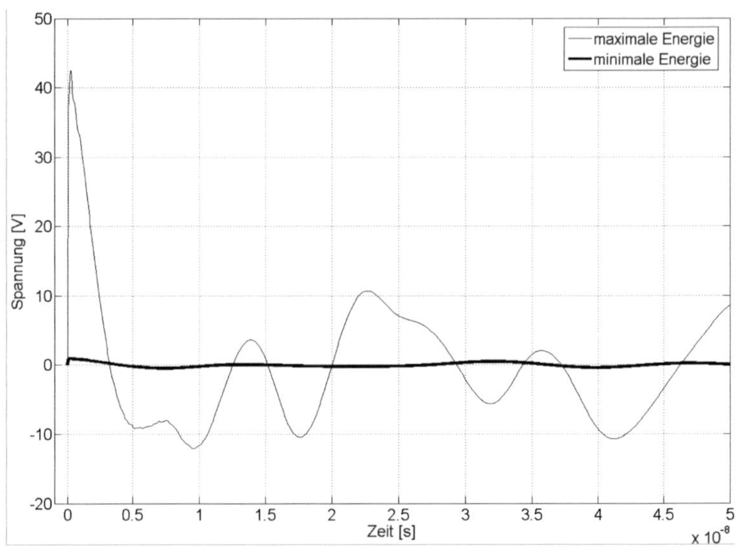

Abbildung 64: UWB-Puls-Einkopplung in die Spiral-Struktur bei zwei unterschiedlichen Ausrichtungen und resultierender maximaler und minimaler Energie

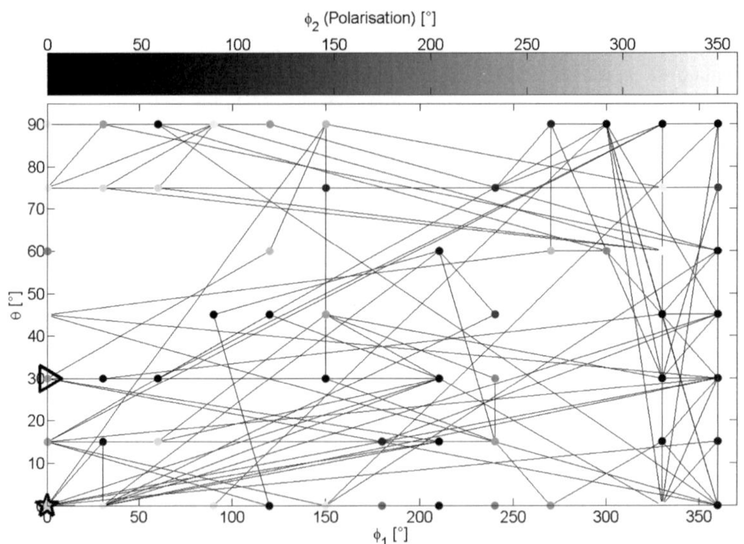

Abbildung 65: Verlauf der maximalen Kopplung der Platine der Doppel-Gabel-Struktur über die Frequenz; die Koordinaten und die Grauschattierung zeigen die jeweiligen Ausrichtung; die vermessenen Frequenzpunkte beginnen bei 10 MHz (Dreieck) und enden bei 3 GHz (Stern)

5.2.2 Bestimmung der äquivalenten Dipolmomente eines Strahlers

Die Bestimmung von Dipolmomenten ist eine weitere Möglichkeit, die der hydraulische Roboter durch sein präzises Positionieren und die Möglichkeit der Automation unterstützt. Bei elektrisch kleinen Strahlern können über ein sogenanntes 15-Positionen-Messverahren die Elementardipole des Prüflings bestimmt werden [Ki98]. Dazu wurde, analog der Aufnahme der Platine in Abbildung 58, der Strahler am Kopf des Roboters fixiert. Prüfling und GTEM-Zelle wurden über Koaxialkabel mit einem Netzwerkanalysator verbunden, und Ferrite sorgten für Entkopplung der Kabel. Ein PC koordinierte die automatische Ausrichtung sowie die Aufnahme der Messwerte.
Die beiden vermessenen Prüflinge sind in Abbildung 66 schematisch dargestellt. Bei den Prüflingen handelte es sich um eine kurze symmetrische Stabantenne (Länge: 2h = 120 mm) und um eine Schleifenantenne (Durchmesser: 50 mm). Die Stabantenne bestand aus einer 2 mm starken Messingscheibe, die bis zu ihrem Mittelpunkt geschlitzt war. In diesem Schlitz waren zwei Semi-Rigid-Koaxialkabel geführt, deren Außenleiter durch Verlöten mit der Messingscheibe verbunden waren.

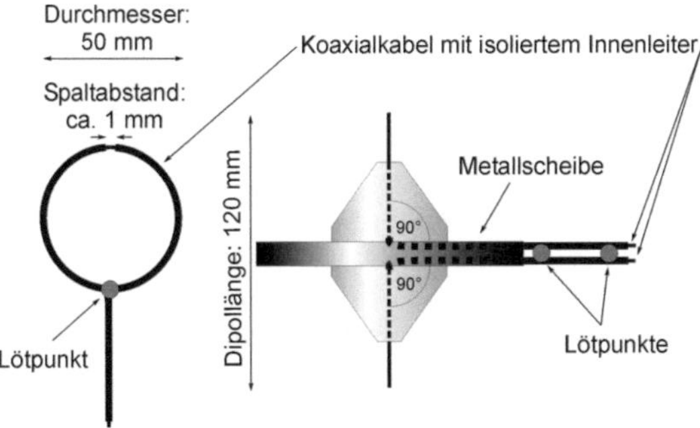

Abbildung 66: schematische Darstellung der Konstruktion der Prüflinge; links: Schleifenantenne; rechts: Stabantenne

In Mittelpunkt der Scheibe wiesen beide Koaxialkabel einen entgegensetzten 90°-Knick auf. Die außerhalb der Metallscheibe isolierten Innenleiter waren mit 3-mm-Messingstäben (Antennenarme) verbunden. Jeder dieser ca. 60 mm langen Stäbe war mittels eines zentrisch durchbohrten Holzkegels fixiert, so dass beide Stäbe mechanisch fest senkrecht zur Metallscheibe standen. Die aus der Metallscheibe seitlich austretenden Koaxialkabel (Länge: 200 mm) sind mit einem BALUN verbunden. Auf dieser Länge sind sie in kurzen Abständen mit Lötpunkten verbunden, um dort evtl. einkoppelnde Felder und die daraus resultierenden Mantelströme zu unterdrücken. Die Schleifenantenne ist ebenfalls aus einem Semi-Rigid-Koaxialkabel gefertigt. Das Ende des Kabels ist mit einem Lötpunkt mit dem Anfang der Schleife verbunden, so dass Innenleiter und Außenleiter direkt verbunden sind. Oben ist die Schleife durch Auftrennung des Außenleiters geschlitzt (Spaltabstand: ca. 1 mm).
Während einer Messsequenz wurden die 15 Ausrichtungen nacheinander angefahren und S_{21} über die Frequenz aufgezeichnet. Aus diesen, die Kopplung zwischen Prüfling und GTEM-Zelle beschreibenden Daten, wurden dann die am Zelleneingang an einem 50-Ω-Widerstand umgesetzten Leistungen errechnet. Daraus konnten mit dem

Korrelationsalgorithmus die Amplituden und Phasen der sechs angenommenen Elementardipolmomente bestimmt werden [Ki98]. Bei diesem Multipolmodell handelte es sich um drei elektrische (Hertzsche) und drei magnetische (Fitzgeraldsche) Dipole, die orthogonal zueinander an einem Punkt konzentriert angenommen wurden, wie es in der Abbildung 67 skizziert ist. Die Position der Elementardipole wurde im jeweiligen Strahlungszentrum der Prüflinge angenommen.

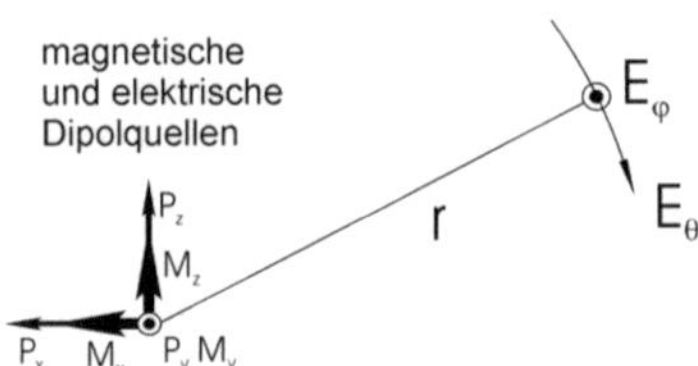

Abbildung 67: Ausrichtung der sechs Dipolmomente (elektrisch und magnetisch) sowie die angenommen Richtungen von E_θ und E_ϕ

Für die Messung befand sich der hydraulische Roboter, wie in Abbildung 58 gezeigt, unter dem Septum der GTEM-Zelle. Die Grundausrichtung der beiden Antennen lag in x-Richtung, d.h., dass sowohl die Stabantenne als auch das magnetische Dipolmoment der Schleifenantenne in diese Richtung zeigten.
Zum besseren Verständnis für die Ausrichtung der Messobjekte werden zwei Koordinatensysteme eingeführt: (xyz) als fixe Koordinaten der GTEM-Zelle und (x'y'z') als Koordinatensystem des Messobjektes. Für den Algorithmus nach [Ki98] werden 15 Messausrichtungen benötigt. Diese entstehen durch drei Permutationen der Koordinatenachsen (xyz→x'y'z', xyz→y'z'x', xyz→z'x'y') mittels fünf verschiedener Winkelausrichtungen (ϕ_1=0°, 45°, 90°, 180°, 270°), welche durch Drehung um die y-Achse der GTEM-Zelle erzeugt werden. Sind die Amplituden und Phasenbeziehungen bekannt, lassen sich beliebige Feldstärkeberechnungen analytisch durchführen.
Um die Güte der Messung und der daraus resultierenden Güte der analytischen Berechnungen abschätzen zu können, wurden dafür Vorabmessungen an der Stab- und Schleifenantenne durchgeführt. Die Antennen wurden mit ihrem Dipol vertikal und horizontal in der x-y-Ebene der GTEM-Zelle ausgerichtet. Die Drehachse befand sich in der GTEM-Zelle bei x=0.
Für die Messungen in Abbildung 68 wurde die jeweilige Antenne zweimal vermessen. Dabei wurde das jeweilig angenommene Dipolmoment der Antennen für die theoretische maximale und minimale Einkopplung ausgerichtet
Es zeigt sich so bereits im Vorfeld, dass es neben den theoretisch erwarteten Dipolmomenten noch weitere andere, bzw. anders ausgerichtete geben muss. Zu weiteren Kopplungspfaden gehört auch das Messkabel, welches, mit 50 Ohm abgeschlossen, vermessen wurde. In Abbildung 68 ist es als „Rauschpegel“ bezeichnet. Anhand dieser Messung kann die Güte der Ergebnisse der Dipolbestimmung abgeschätzt werden. Für gute Ergebnisse sollte in der Hauptstrahlrichtung ein genügend großer Signalrauschabstand vorhanden sein. In dem Frequenzbereich, in dem höhere Moden ausbreitungsfähig werden, ist das Verfahren nur bedingt anwendbar, da nicht mehr gewährleistet ist, dass die Haupt-E-Feldausrichtung in der

GTEM-Zelle in die gleiche Richtung zeigt wie die der TEM-Welle, wovon der Algorithmus in [Ki98] ausgeht.

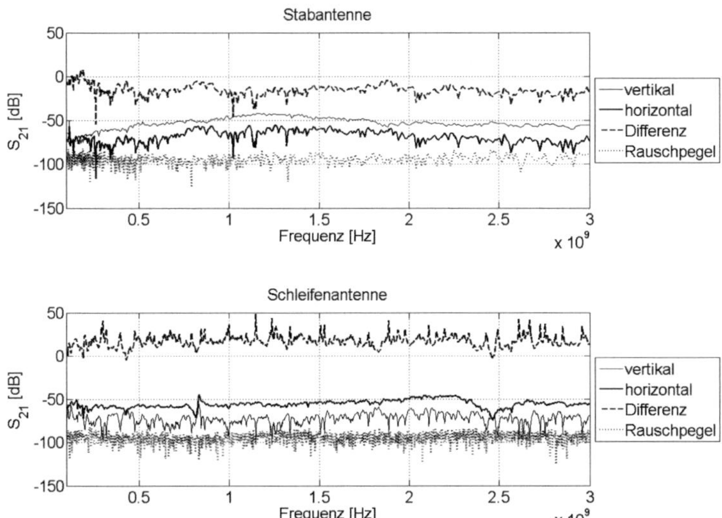

Abbildung 68: Abhängigkeit der Übertragungsfunktion von der Ausrichtung des theoretischen Dipol-Momentes der Stabantenne; „vertikal" und „horizontal" bedeuten dabei eine parallele und quere Ausrichtung zur maximal zu erwartenden Einkopplung; weiterhin ist der Rauschpegel aufgetragen

Es wurden messtechnisch die Amplituden der Elementardipole der beiden Antennen über die Frequenz ermittelt und in Abbildung 69 und Abbildung 70 ihre prozentualen Leistungsverteilungen dargestellt. Dabei ist zu erkennen, dass das Abstrahlverhalten der Stabantenne fast über den gesamten Frequenzbereich die größte Ähnlichkeit der Abstrahlung mit dem eines Hertzschen Dipols in x-Richtung aufweist.

Die sich rechnerisch ergebenden Dipolmomente der Vermessung der Schleifenantenne entsprechen weit weniger denen, die es in der Theorie geben müsste. Die fast über den gesamten Frequenzbereich starke Anwesenheit eines errechneten elektrischen Dipols in y-Richtung ist auf die Einkopplung des elektrischen Feldes in den Schlitz zurückzuführen, der die Abschirmung des rechten Halbkreises von der des linken trennt [Gi98], [Br96].

Zur weiteren Analyse wurde die integral abgestrahlte Leistung der beiden Antennen aus den Messdaten berechnet und in Abbildung 71 dargestellt. Dabei wurde fiktiv 1 W (30 dBm) Vorwärtsleistung am Antennenfußpunkt angenommen. Für beide Antennentypen ist die Strahlungsleistung unter der Annahme dargestellt, dass nur das theoretische Hauptdipolmoment vorliegt bzw. dass alle sechs Dipolmomente einen Beitrag zur Gesamtleistung liefern.

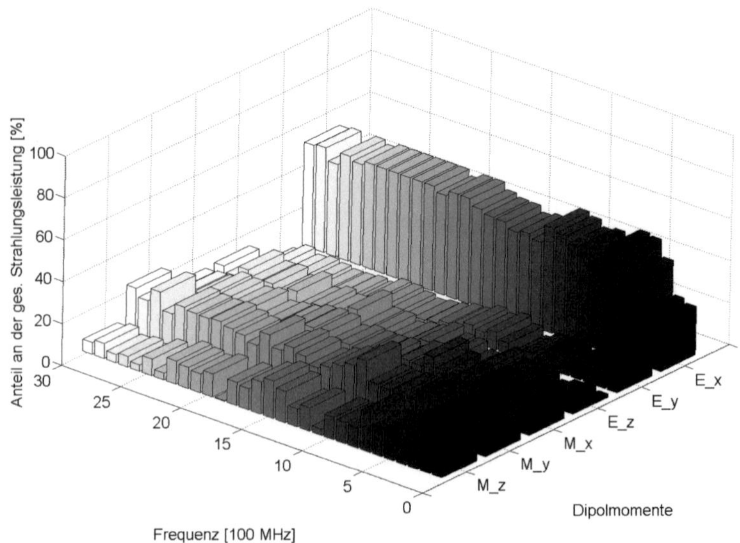

Abbildung 69: Messergebnisse der sechs Elementardipolmomente der Stabantenne über die Frequenz; die Höhe der Balken gibt die prozentuale Leistungsverteilung an der Gesamtabstrahlung der einzelnen Dipolmomente wieder

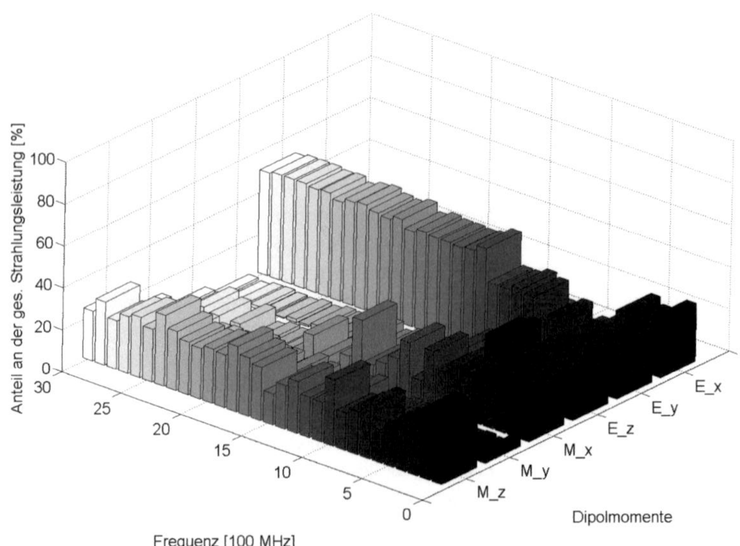

Abbildung 70: Messergebnisse der sechs Elementardipolmomente der Schleifenantenne über die Frequenz; die Höhe der Balken gibt die prozentuale Leistungsverteilung an der Gesamtabstrahlung der einzelnen Dipolmomente wieder

Mit Hilfe der Ergebnisse, die in Abbildung 69, Abbildung 70 und Abbildung 71 dargestellt sind, lässt sich leicht eine Aussage über den Frequenzbereich machen, in dem die Antenne eingesetzt werden kann.

Ist eine orts- bzw. winkelaufgelöste Feldanalyse von Interesse, um den Antennengewinn, das maximale E-Feld, etc. zu bestimmen, so muss die Feldstärke als Überlagerung aller Dipolmomente nach (34), (35) und (36) für alle drei Richtungen und den analogen Formeln für den Fitzgeraldschen Dipol bestimmt werden.

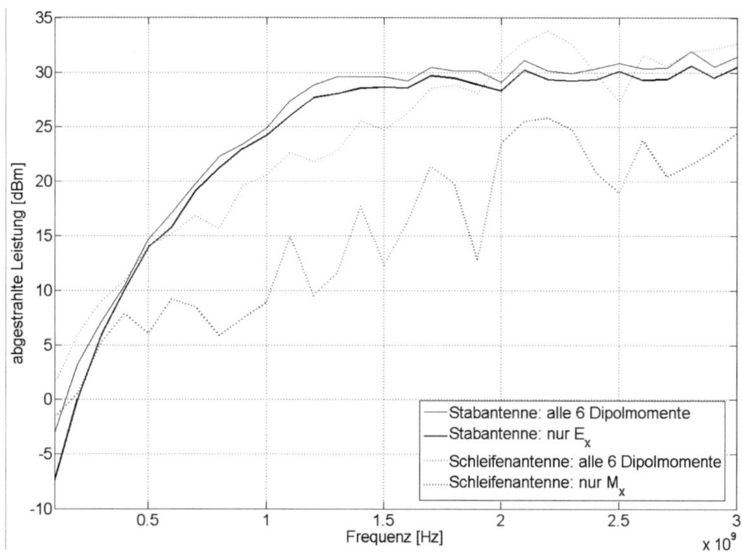

Abbildung 71: Leistungsbestimmung der Abstrahlung der Schleifen- und Stabantenne aus den berechneten Dipolmomenten; dabei sind für jeden Antennentyp jeweils alle sechs Dipole aktiv an der Abstrahlung beteilig oder nur der Dipol, der der theoretischen Richtung entspricht

Das Auftragen der θ- und ϕ-Komponente der E-Feldstärke gemäß Abbildung 67 im Fernfeld zeigt erwartungsgemäß mit Hinblick auf die vorherigen Messergebnisse bei einigen Frequenzen starke Abweichungen zu der theoretischen Abstrahlcharakteristik. In Abbildung 72 ist die Abstrahlcharakteristik beispielhaft für die Stabantenne für eine Frequenz von 1000 MHz dargestellt. Die analytische und die aus der Messung ermittelten Feldverteilungen von E_θ und E_ϕ sind grafisch gegenüber gestellt.

Zur exakten messtechnischen Bestimmung des Abstrahlverhaltens eines Strahlers muss im Fernfeld die Feldstärke orts- bzw. winkelaufgelöst aufgenommen werden. Die typischerweise notwendige hohe Auflösung macht derartige Verfahren sehr zeitaufwendig. Somit kann das 15-Positons-Messverfahren zur Bestimmung von Feldverteilung unter speziellen Umständen einen zeitlichen Vorteil bringen und für Vorabmessungen benutzt werden.

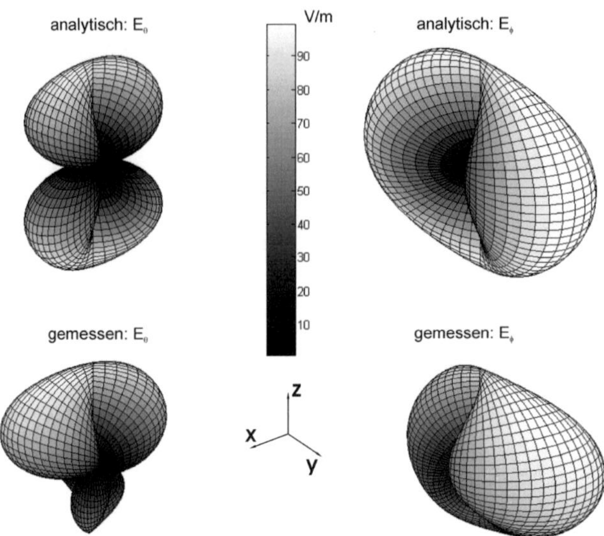

Abbildung 72: räumliche normierte E-Feldverteilung der Stabantenne für f=1000 MHz; die Darstellungen der analytischen Berechnungen gehen nur von der Anwesenheit eines Dipolmomentes in x-Richtung aus, die der gemessenen Werte zeigen die Überlagerung aller sechs bestimmten Dipolmomente; oben links: E_θ aus analytischer Berechnung; oben rechts: E_ϕ aus analytischer Berechnung; unten links: E_θ aus Messung; unten rechts: E_ϕ aus Messung

5.3 Untersuchung der Abstrahlung von Antennen über leitender Ebene

Um Antennen bezüglich ihrer Strahlungseigenschaften zu analysieren, sind orts- bzw. winkelaufgelöste Messungen von Interesse [Kl08]. Daraus lassen sich auch integrale Kenngrößen berechnen, wie z.B. die gesamte abgestrahlte Leistung oder der Antennengewinn, welcher bei der Antennenoptimierung besonders wichtig ist [Hu03].
Die Abstrahlcharakteristik lässt sich messtechnisch bei kleinen Strahlern (klein im Vergleich zum Abstand Sensor/Strahler) einfach durch Abfahren des Messobjekts entlang von Kugelkoordinaten realisieren, wobei an diskreten Stellen das E-Feld aufgezeichnet wird und sich das Messobjekt im Zentrum befindet.

5.3.1 Messung verschiedener Abstrahlungsparameter von einer Linear- und komplexen Rechteckantenne

In diesem Abschnitt werden verschiedene Abstrahlungsparameter (gesamte Strahlungsleistung, Antennengewinn und θ- und ϕ-aufgelöste Abstrahlcharakteristik) von zwei unterschiedlichen Prüflingen über leitender Ebene untersucht. Die automatisierte Vermessung des E-Feldes der Strahler wurde mit dem elektrischen Roboter gemäß Abbildung 74 durchgeführt. Die Ergebnisse der Messung der zwei Prüflinge wurden mit denen einer numerischen Simulation verglichen.

Die Geometrie der beiden untersuchten Messobjekte ist im Folgenden beschrieben:

- Linearantenne: Die Antenne besteht aus einem vertikal ausgerichteten Kupferdraht (Durchmesser: 1,5 mm; Länge: 61 mm);
- komplexe Rechteckantenne: Die Antenne, schematisch in Abbildung 73 dargestellt, ist aus 1,5 mm starkem Kupferdraht gefertigt. Sie besteht aus einem ebenen Teil (Ausrichtung ist parallel zur leitenden Ebene), der in seinem Zentrum mit einem vertikalen Anschlussstück (Länge: 10 mm) verbunden ist.

Die beiden Messobjekte befinden sich im Zentrum der leitenden Ebene und werden von unten über den Innenleiter eines Koaxialkabels gespeist, wie in Abbildung 73 dargestellt ist.

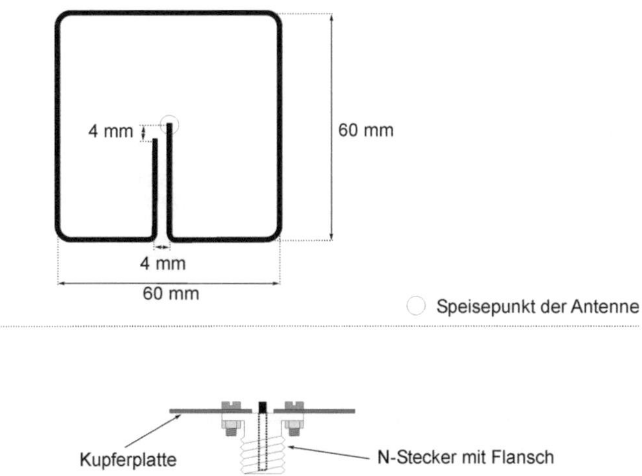

Abbildung 73: oben: Rechteckantenne (Aufsicht); Speisepunkt befindet sich in 10 mm Höhe über der leitenden Ebene (Kupferplatte); Struktur: 1,5-mm-Kupferstäbe; unten: N-Stecker für die Antennenspeisung unterhalb der leitenden Ebene (Kupferplatte); der Flansch ist mit vier Schrauben fixiert

Die Linearantenne als Messobjekt wurde als Referenz gewählt, da sowohl das Strahlungsdiagramm als auch der Verlauf der Eingangsreflexion (Streuparameter S_{11}) am Antennenfußpunkt über die Frequenz gut nachvollziehbar sind.
Zur Bestimmung des Streuparameters S_{11} wurde der Antennenfußpunkt der beiden Antennen, wie in Abbildung 74 gezeigt, mit einem Netzwerkanalysator verbunden.
Zur Untersuchung der E-Feldverteilung wurden die beiden Antennen mit dem elektrischen Roboter automatisiert vermessen. Der dazu verwendete Sensorkopf des RadiSense®-Systems wurde am Roboterarm gemäß Abbildung 74 an der Stelle r=95 cm befestigt, und seine drei Sensorausrichtungen entsprachen denen des Kugelkoordinatensystems. Somit konnten E_θ, E_ϕ und E_r direkt aufgenommen werden. Die jeweilige Antenne wurde dafür von einem HF-Generator mit nachgeschaltetem Verstärker gespeist. Ein PC übernahm die komplette Steuerung.

Da sich der Messaufbau nicht in einer Schirmkabine befand und somit ein Hintergrundspektrum* permanent vorhanden war, war es nötig, die von den Antennen stammenden E-Felder deutlich in ihrer Feldstärke davon abzuheben. Die Messauflösung über die abgefahrene Halbkugel betrug in θ-Richtung 41 und in ϕ-Richtung 61 Punkte.

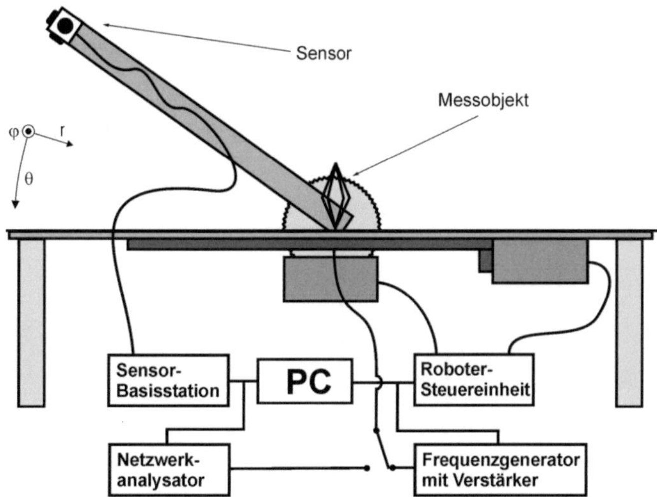

Abbildung 74: elektrischer Roboter mit RadiSense®-System zur Bestimmung der räumlichen Feldverteilung über θ und ϕ und des Streuparameters S_{11} mit einem Netzwerkanalysator (ZVCE)

In Abbildung 75 und Abbildung 76 sind die abgestrahlten Leistungen der Linearantenne und der komplexen Rechteckantenne über die Frequenz dargestellt. Weiterhin befindet sich in diesen Diagrammen jeweils eine Kurve, die die am Antennenfußpunkt eingespeiste Leistung (Vorwärtsleistung) beschreibt. Sie ist als theoretische Obergrenze der abstrahlbaren Leistung zu sehen. Die gemessene und simulierte Abstrahlung ist als Kurve bzw. durch einzelne Messpunkte eingezeichnet. Die Messdaten, aus einer Reflexionsmessung mit einem Netzwerkanalysator gewonnen, wurden gemäß (57) ausgewertet [Ha06b].

Wie deutlich anhand der Oszillation zu sehen ist, kommt es bei der Auswertung im unteren Frequenzbereich durch die schlechte Anpassung der Antennen zu starken Fehlern. Bei dieser Messmethode kann nicht zwischen abgestrahlter und der in Wärme umgesetzten Leistung in der Struktur unterschieden werden. Folglich ist dieser Wert stets größer als die wirklich abgestrahlte Leistung [Ha06b].

* Die dadurch von dem RadiSense®-System angezeigte Rausch-E-Feldstärke betrug: $E_{Rauschen}$<1 V/m.

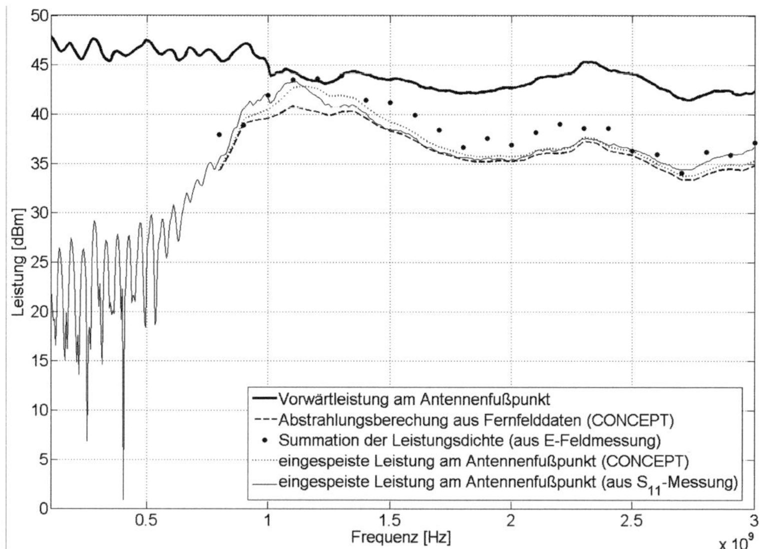

Abbildung 75: gemessene und simulierte Ergebnisse der Gesamtabstrahlung der Linearantenne; die Vorwärtsleistung des HF-Verstärkers ist ebenfalls eingezeichnet; die Werte aus der Simulation und der Feldmessung beginnen erst ab 800 MHz

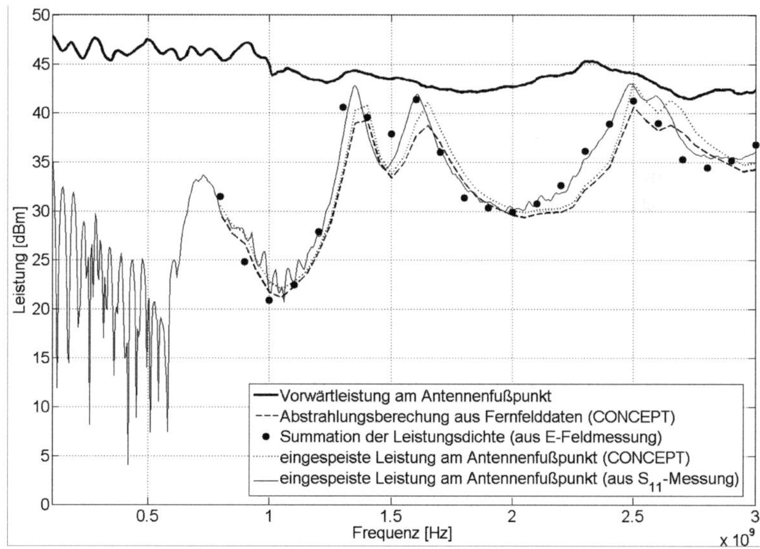

Abbildung 76: gemessene und simulierte Ergebnisse der Gesamtabstrahlung der komplexen Rechteckantenne; die Vorwärtsleistung des HF-Verstärkers ist ebenfalls eingezeichnet; die Werte aus der Simulation und der Feldmessung beginnen erst ab 800 MHz

Weitere Kurven wurden mit Hilfe des Oberflächenintegrals (59) (Numerisch über die Summenbildung) der Leistungsdichten $\mathbf{S}_\theta$ und $\mathbf{S}_\phi$ über die mit dem Sensor abgefahrene Halbkugelfläche berechnet, durch die die gesamte Strahlung dringt [Ha06b].

$$P_{\mathrm{Rad}} \overset{\mathrm{Fernfeld}}{=} \iint\limits_{\mathrm{Halbkugel}} (\boldsymbol{S}_\theta + \boldsymbol{S}_\phi) \cdot dA \qquad (59)$$

Dabei wird allgemein angenommen, dass die abgestrahlte Welle sowohl vertikal als auch horizontal polarisiert sein kann. Für den Fall der Linearantenne ist theoretisch nur vertikale Polarisation möglich.
Die Feldmessungen wurden an 23 Punkten mit 800 MHz beginnend durchgeführt, da die Abstrahlung (die Feldstärke) unterhalb dieser Frequenz bei gegebener Verstärkerleistung zu gering war.
Die Messwerte der E-Feldstärke wurden für Positionen, bei denen sich der Sensor aufgrund der Messarmstellung dicht an der der leitenden Ebene befindet, durch die Nähewirkung stark verfälscht. Diese Fehlerquelle beeinflusst die Berechnung der Gesamtstrahlungsleistung der beiden vermessenen Antennen in Abhängigkeit ihrer prinzipiellen Abstrahlcharakteristik auf unterschiedliche Weise:

- Die Linearantenne besitzt hohe Feldstärken im Bereich kleiner θ-Winkel, im Bereich für θ=90° verschwindet sie;
- die komplexe Rechteckantenne besitzt Hauptstrahlungskeulen, die nach (schräg-) oben gerichtet sind.

Deshalb ist es sinnvoll, die gesamte Abstrahlungscharakteristik des betreffenden Strahlers zu ermitteln und grafisch aufzuzeichnen, wie in Abbildung 79 ff. dargestellt, beispielhaft für eine Frequenz durchgeführt worden ist.

Es zeigt sich in Abbildung 75, dass sowohl Messung als auch Simulation sehr gute Übereinstimmung bei der Berechnung der abgestrahlten Leistung besitzen. Auch bei der Auswertung der komplexen Rechteckantenne, in Abbildung 76 dargestellt, liegen die Ergebnisse der verschiedenen Mess- und Simulationsmethoden sehr dicht beieinander. Die Resonanzstellen werden sehr gut abgebildet. Aus den Messdaten des E-Feldes kann der Antennengewinn über (38) und (39) berechtet werden. Die messtechnische Auswertung des Antennengewinns der Linearantenne in Abbildung 77 zeigt gegenüber der glatter verlaufenden Kurve aus Daten der Simulation starke Oszillationen und Abweichungen bis zu 1,2 dB.
Ähnlich sieht es beim Vergleich des Gewinns der komplexen Rechteckantenne aus: Auch hier ist eine starke Streuung der Messwerte zu erkennen. Die maximale Differenz der Werte liegt für diese Antenne bei 1,8 dB. Trotz der Abweichung zwischen Simulationsdaten und Messergebnissen, weisen Kurve und Wertepaare einen ähnlichen Trend auf. Die Güte der Gewinnmessung ist abhängig von der Breite der Strahlungskeule und dem verwendeten Diskretisierungsgitter bei der Feldabtastung. Auch hier kann sich die Feldverzerrung bei Positionen des Messkopfes für kleine θ-Winkel stark auf die Ergebnisse auswirken.

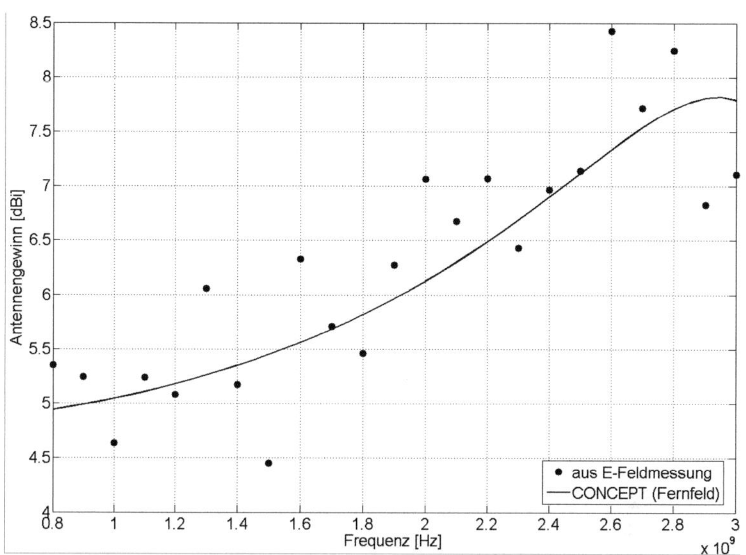

Abbildung 77: Gewinn der Linearantenne über die Frequenz; die Daten stammen aus der Feldvermessung und Simulation mit CONCEPT

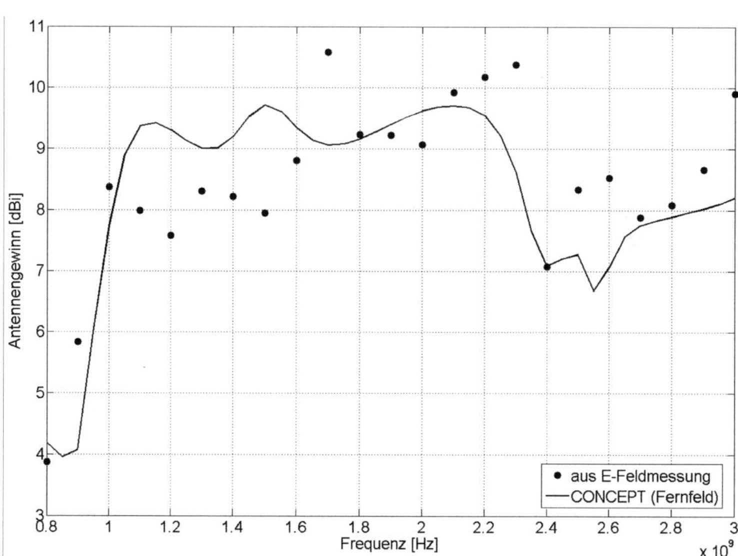

Abbildung 78: Gewinn der komplexen Rechteckantenne über die Frequenz; die Daten stammen aus der Feldvermessung und Simulation mit CONCEPT

In Abbildung 79 bis Abbildung 83 sind die gemessenen und simulierten Feldverteilungen von E_θ über die Winkel θ und ϕ dargestellt. Die Grauschattierung sowie der Abstand jedes Feldpunktes vom Zentrum, an dem sich der Strahler befindet,

geben die Feldstärke wieder. Die Ausrichtung und Position der jeweiligen Antenne und die Messumgebung sind in jeder Abbildung oben links skizziert.
Abbildung 79 zeigt den gemessenen Feldverlauf (E_θ) der Linearantenne. Der Einfluss, den die Messumgebung (hier die Form der Kupferplatte) besitzt, wird bei der Messung nicht erfasst [Ha06a]. Die Berandung der leitenden Ebene befindet sich jenseits des Nahfeldbereiches der Antenne bei 1800 MHz (λ=16,7 cm), und die Form der verwendeten leitenden Ebenen hat keinen Einfluss auf die abgestrahlte Leistung, da sich die ungestörte Welle lediglich der an der Berandung gestreuten überlagert, wie durch Untersuchung des S_{11}-Paramters in [Ha06a] gezeigt werden konnte.
Diese Überlagerung ist in der Messung sichtbar, jedoch nur für einen festen Abstand der Berandung (simulierte leitende Scheibe). Die E-Feldverteilung in Abbildung 79 ist somit rotationssymmetrisch in Bezug auf die z-Achse, da der Roboter das (rotationssymmetrische) Messobjekt bewegt und nicht den Sensorarm. Die Messung spiegelt demnach nicht exakt die Messumgebung wider, wie auch die Grafik der Simulation in Abbildung 80 zeigt. In dieser ist der Einfluss der Form der leitenden Ebene deutlich zu erkennen. Das Bewegen des Strahlers, wie es in der Messung durchgeführt wird, ist mit einem äußerst extremen Zeitaufwand in der Simulation verbunden, und somit wurde darauf verzichtet. Als Näherung wurde stattdessen die Linearantenne über einer leitenden Scheibe (Radius: 75 cm) simuliert. Die grafische Auswertung ist in Abbildung 81 dargestellt. Dieses Verfahren ist jedoch so nur mit rotationssymmetrischen Strahlungsquellen möglich.

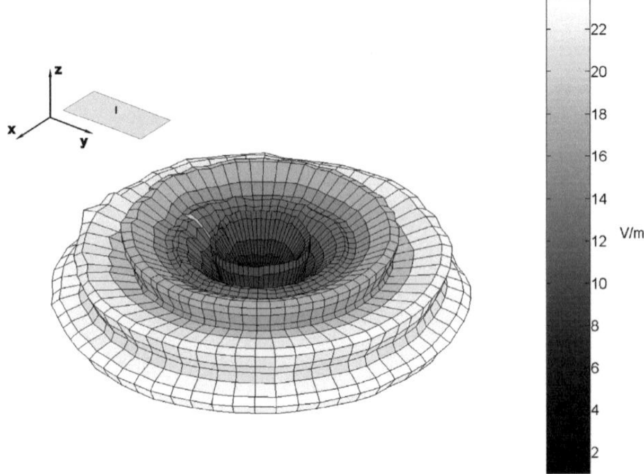

Abbildung 79: Ergebnisse der Messung der E-Feldverteilung (E_θ) der Linearantenne über leitender Rechteckplatte bei 1800 MHz im Abstand r=95 cm; oben links: die Ausrichtung und Position der Antenne und die Messumgebung (Rechteck)

In Abbildung 82 ist die Feldverteilung der Messung von E_θ der komplexen Rechteckantenne dargestellt. Wie im Vergleich mit Abbildung 83, der simulierten Feldverteilung, zu sehen ist, sind in der Messung mehr Nebenkeulen bzw. ist eine Welligkeit der Hauptkeulen vorhanden. Neben den schon erwähnten Gründen, kommt es durch den Standort des Messaufbaus zu Feldverzerrungen durch Überlagerung

durch Reflexion an metallischen Gegenständen in direkter Umgebung sowie durch Brechung an der Berandung der leitenden Ebene. Trotzdem zeigen beide Abstrahlungsdiagramme zwei Hauptkeulen, die sich bei θ=90° berühren und grob in der x-z-Ebene liegen.
Alle Messungen zeigen insgesamt, verglichen mit den Werten aus den jeweiligen Simulationen, sehr ähnliche Wertebereiche der E-Feldstärke sowie große Übereinstimmung in der Form des Strahlungsdiagramms.

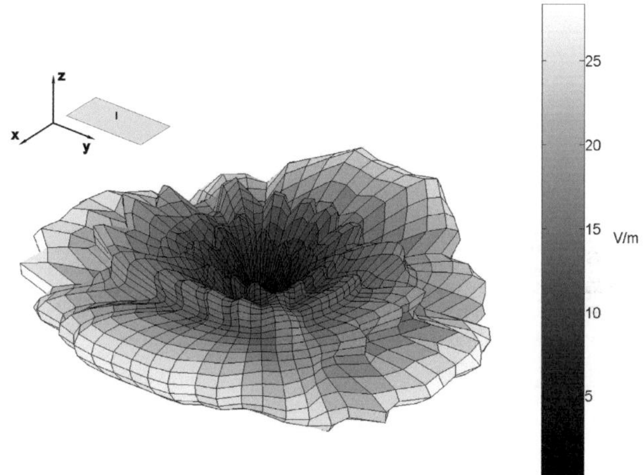

Abbildung 80: Ergebnisse der Simulation der E-Feldverteilung (E_θ) der Linearantenne über leitender Rechteckplatte bei 1800 MHz im Abstand r=95 cm; oben links: die Ausrichtung und Position der Antenne und die Messumgebung (Rechteck)

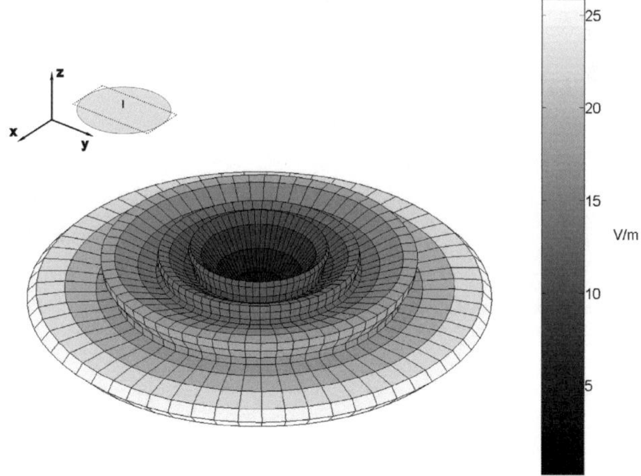

Abbildung 81: Ergebnisse der Simulation der E-Feldverteilung (E_θ) der Linearantenne über leitender Scheibe bei 1800 MHz im Abstand r=95 cm; oben links: die Ausrichtung und Position der Antenne und die Messumgebung (Scheibe)

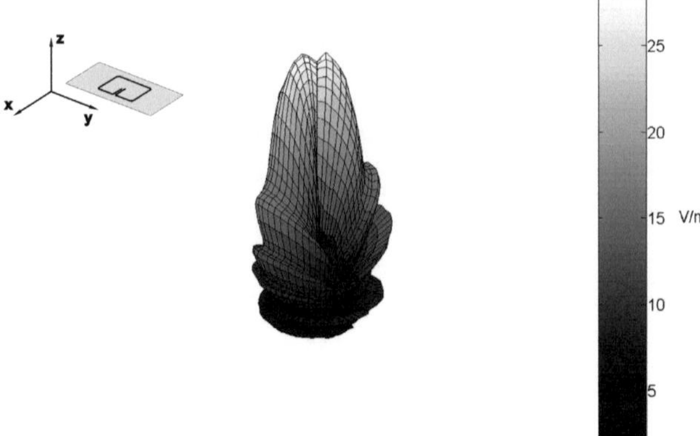

Abbildung 82: Ergebnisse der Messung der E-Feldverteilung (E_θ) der komplexen Rechteckantenne über leitender Rechteckplatte bei 1800 MHz im Abstand r=95 cm; Oben links: die Ausrichtung und Position der Antenne und die Messumgebung (Rechteck)

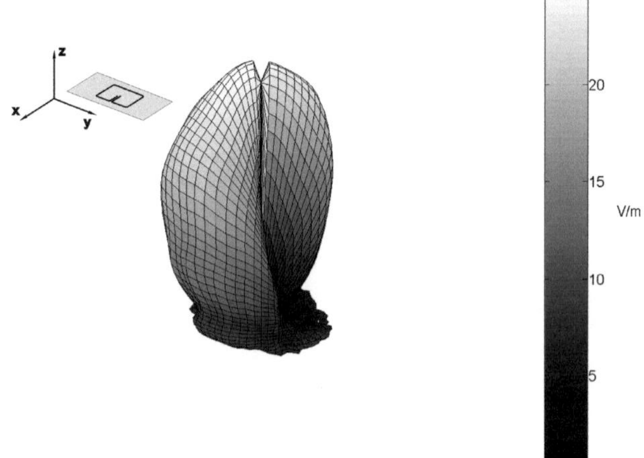

Abbildung 83: Ergebnisse der Simulation der E-Feldverteilung (E_θ) der komplexen Rechteckantenne über leitender Rechteckplatte bei 1800 MHz im Abstand r=95 cm; oben links: die Ausrichtung und Position der Antenne und die Messumgebung (Rechteck)

6 Ausblick

Mit der Arbeit konnte die Wichtigkeit der automatisierten Feldvermessung gezeigt werden, insbesondere, welche Möglichkeiten der EMV-Analyse derartige Daten bieten. Aufgrund der weiterhin stetig steigenden Frequenzen digitaler elektronischer Komponenten und Telekommunikationsgeräte ist eine Erhöhung der Positionierungsauflösung sinnvoll. Diese stellt dann auch neue Anforderungen an die Präzision der Positionierbarkeit und der damit evtl. verbundnen neuen konstruktiven Konzepte. Eine Erhöhung der Positioniergenauigkeit und –auflösung erweitert auch die Möglichkeiten um Untersuchungen im Nahfeldbereich von komplexen Strahlungsquellen, so dass die abstrahlende Geometrie besser und differenziert analysiert werden kann. Damit verbunden sollten Algorithmen für Auswertung der Messwerte genutzt werden, mit denen es möglich ist, die Ausdehnung der Sonde und ihre Empfangscharakteristik herauszurechnen [Ma10].

Wie bereits im Messtechnikteil der Arbeit beschrieben worden ist, hängt die Güte der Messung stark von der Feldbeeinflussung des Sensors und der ihn positionierenden Mechanik ab. In den verwendeten Konstruktionen könnte durch verstärkten Einsatz von Leichtbauweise (besonders in Sensornähe) eine dadurch bedingte Feldverzerrung weiter reduziert werden, sofern dies die mechanischen Anforderungen zulassen.

Es sind bereits Konzepte zur extremen Verminderung von Material in Sensornähe durch Seilzüge vorhanden [Ry98], [Ha08g].

Auch die auf dem Markt erhältlichen E-Feldsensoren werden stetig kleiner. Es existieren bereits die ersten Miniatursensoren, die auf der Basis der HF-Übertragung über eine Glasfaser frequenzaufgelöst messen können.

Speziell die Messungen mit dem elektrischen Roboter haben gezeigt, dass Feldmessungen in ungestörter Umgebung durchgeführt werden sollten und in diesem Fall Absorber im Bereich hinter dem Messkopf für eine Reduktion der reflektierten Welle sorgen könnten.

Literaturverzeichnis

[AH08] M. Al-Hamid, H. G. Krauthäuser, S. Schulze, J. Nitsch, „Validierung des CONCEPT-Simulationsmodells der GTEM-Zelle 1750 mit Wandabsorbern durch Messungen und Berechnung des Stromes auf einem Kabelschirm", Internationale Fachmesse und Kongress für Elektromagnetische Verträglichkeit, Düsseldorf, 19.-21. Feb. 2008, VDE Verlag, Berlin, Offenbach, 2008, S. 335-340

[Ao08] O. Aouine, C. Labarre, F. Costa, „Measurement and Modeling of the Magnetic Near Field Radiated by a Buck Chopper", IEEE Transactions on Electromagnetic Compatibility, Vol. 50, 2008, S. 445-449

[Ba04] R. Bansal, „Handbook of ENGINEERING ELECTROMAGNETICS", Marcel Dekker, New York, 2004

[Ba07] D. Baudry, C. Arcambal, A. Louis, B. Mazari, P. Eudeline, „Applications of the Near-Field Techniques in EMC Investigations", IEEE Transactions on Electromagnetic Compatibility, Vol. 49, 2007, S. 485-493

[Bl94] S. Blume, „Theorie elektromagnetischer Felder", Hüsig Buch Verlag, Heidelberg, 1994

[Bö97] M. Böttcher, F. Noack, F. Reichert, „Numerical Simulation of a GTEM-Cell", EMC Zürich, Zürich, 18.-20. Feb. 1997, Sekt. 62/J5

[Br04] K. Brillowski, „Einführung in die Robotik", Berichte aus der Messtechnik, Shaker Verlag, Aachen, 2004

[Br85] H.-D. Brüns, „Pulserregte Elektromagnetische Wellen auf Leitungen", Dissertation, Selbstverlag, Hamburg, 1985

[Br96] C. Braun, P. Guidi, H. U. Schmidt, „Elektrisch kurze Antennen zur Feldmessung", Fraunhofer-Institut für Naturwissenschaftlich-Technische Trendanalysen (INT), 1996

[Co10] CONCEPT II, Institut für Theoretische Elektrotechnik der Technischen Universität Hamburg-Harburg, http://www.tet.tu-harburg.de/concept/index.de.html

[DA05] Betriebsanleitung des RadiSense®-Feldmesssystems, DARE®, Woerden, Niederlande, 2005

[dA85] div. Autoren, „Automatisierte Messsysteme", VDI Berichte 566, VDI-Verlag GmbH, 1985

[Da97] J. R. Davis, „Concise Metals Engineering Data Book", ASM International, Ohio, USA, 1997

[De03] J. Detlefsen, U. Siart, „Grundlagen der Hochfrequenztechnik", Oldenbourg Wissenschaftsverlag, München, 2003

[DI03] DIN EN 61000-4-20, „Prüf und Messverfahren – Messung der Störaussendung und Störfestigkeit in TEM-Wellenleitern", 2003

[DL96] R. De Leo, L. Pierantoni, T. Rozzi, L. Zappelli, „Accurate Analysis of the GTEM Cell Wide-Band Termination", IEEE Transactions on Electromagnetic Compatibility, Vol. 38, 1996, S. 188-197

[Dy08]* T. Dyballa, K. Haake, R. Kebel, T. Stadtler, J. L. ter Haseborg, „Measurement of the local distribution of the electric field coupled into shielding enclosures via apertures", Electromagnetic Compatibility - EMC Europe: 2008 International Symposium, Hamburg, 8.-12. Sept. 2008, S. 455-458

[ET04] Betriebsanleitung der GTEM-5317 von ETS-Lindgren®, 2004

[Fo07] L. Foged, B. Bencivenga, L. Durand, O. Breinbjerg, S. Pivnenko, C. Sabatier, H. Ericsson, B. Svensson, A. Alexandridis, S. Burgos, M. Sierra-Castaner, J. Zackrisson, M. Boettcher, „Error Calculation Techniques and their Application to the Antenna Measurement Facility Comparison within the European Antenna Centre of Excellence", The Second European Conference on Antennas and Propagation (EuCAP), Edinburgh, 11.-16. Nov. 2007, S. 1-6

[Ga07] F. Gallee, S. Chainon, H. Lattard, E Gordon, Y. Toutain, „Development of an isotropic sensor 2GHz - 6GHz", European Microwave Conference, München, 9.-12. Okt. 2007, S. 91-93

[Ge03] O. Gebele, „EMV-Analyse beliebiger Leitungen über oberflächendiskretisierten metallischen Strukturen", Dissertation, VDI-Verlag, Düsseldorf, 2003

[Gi98] A. Gille, „Messung elektrischer und magnetischer Felder auf und in dielektrischen Körpern", Dissertation, Shaker Verlag, Aachen, 1998

[Gö99] K.-D. Göpel, „EMC and Antenna Measurements of Digital Mobile Telephones", International Conference on Electromagnetic Interference and Compatibility, Neu Delhi, 6.-8. Dez. 1999, S. 315-317

[Gr87] M. P. Groover, M. Weiss, R. N. Nagel, N. G. Odrey, „Robotik umfassend", McGraw-Hill Book Company GmbH, Hamburg, New York, 1987

[Gr99] C. Groh, J. P. Kärst, M. Koch, H. Garbe, „TEM waveguides for EMC measurements", IEEE Transactions on Electromagnetic Compatibility, Vol. 41, 1999, S. 440-445

[Ha05]* K. Haake, J. L. ter Haseborg, „Problems caused by insufficient electrical isolation in RF measurement setups", International Symposium on EMC, Chicago, 8.-12. Aug. 2005, Vol. 1, S. 256-261

[Ha06a]* K. Haake, T. Stadtler, J. L. ter Haseborg, „Treatment of a low cost spherical coordinates electric field scanner under consideration of radiation measurement", European Symposium on EMC, Barcelona, 4.-8. Sept. 2006, S. 690-694

[Ha06b]* K. Haake, J. L. ter Haseborg, „Vergleich verschiedener Messmethoden zur Bestimmung der Abstrahlung unterschiedlicher Strahlungsquellentypen", Internationale Fachmesse und Kongress für Elektromagnetische Verträglichkeit, Düsseldorf, 7.-9. März 2006, VDE Verlag, Berlin, Offenbach, 2006, S. 269-276

[Ha07a]* K. Haake, T. Stadtler, J. L. ter Haseborg, „On measuring the transfer function that correlates GTEM cell to OATS measurements", European Symposium on EMC, Paris, 14.-15. Juni 2007

[Ha07b]* K. Haake , J. L. ter Haseborg, „Shielding effectiveness of mechanical feed through elements used in a GTEM cell", International Conference on Electromagnetics in Advanced Applications, Turin, 17.-21. Sept. 2007, S. 213-216

[Ha08a]* K. Haake , J. L. ter Haseborg, „Identification of the complex relative dielectric constant of porous polymers at different degrees of humidity", Advances in Radio Science, Copernicus Publications, 2008, Vol. 6, S. 5-8

[Ha08b]* K. Haake, J. L. ter Haseborg: „High resolution field mapping inside a GTEM cell recorded with a new type of robot system", IEEE Transactions on Electromagnetic Compatibility, Vol. 50, 2008, S. 747-751

[Ha08c]* K. Haake, J. L. ter Haseborg, „Entwicklung eines speziellen 3-D-Positionierers zur automatisierten Bestimmung äquivalenter Multipolmomente in einer GTEM-Zelle für Emissionsmessungen", Internationale Fachmesse und Kongress für Elektromagnetische Verträglichkeit, Düsseldorf, 19.-21. Feb. 2008, VDE Verlag, Berlin, Offenbach, 2008, S. 261-268

[Ha08d]* K. Haake, J. L. ter Haseborg, „Precise investigation of field homogeneity inside a GTEM cell", Electromagnetic Compatibility - EMC Europe: 2008 International Symposium, Hamburg, 8.-12. Sept. 2008, S. 225-228

[Ha08e]* K. Haake , J. L. ter Haseborg, „HIGH RESOLUTION SCAN OF THE E-FIELD DISTRIBUTION OF NON TEM MODES INSIDE A GTEM CELL", 19th int. Wroclaw symposium & exhibition on electromagnetic compatibility, Breslau, 11.-13. Juni 2008, S. 277-280

[Ha08f]* K. Haake , J. L. ter Haseborg, „Determination of coupling of UWB pulses into complex PCB line structures using multi-alignment measurements", International Symposium on EMC, Detroit, 18.-22. Aug. 2008, S. 1-5

[Ha08g]* K. Haake , J. L. ter Haseborg, „Development of a modular low cost robot for scanning the electromagnetic field within very large arbitrary areas or volumes", Serbian Journal of Electrical Engineering, Vol. 5/1, 2008, S. 49-46

[Ha93] R. F. Harrington, "Field Computation by Moment Methods", IEEE Press, New York, 1993

[Ha95] D. Hansen, D. Ristau, T. Spaeth, „Expansion on the GTEM Field Structure Problem", International Symposium on EMC, Atlanta, 16. Aug. 1995, S. 538-542

[He01] H. Henke, „Elektromagnetische Felder", Springer-Verlag, Berlin, Heidelberg, New York, 2001

[Hi06] M. Hiebel, „Grundlagen der vektoriellen Netzwerkanalyse", Rohde&Schwarz, München, 2006

[Hi66] A. v. Hippel, „Dielectric Materials and Applications“, The M.I.T. Press, Cambridge Massachusetts, 1966

[Ho90] R. B. Hoadley, „Holz als Werkstoff“, Otto Maier Verlag, Ravensburg, 1990

[Ho97] C. L. Holloway, R. R. DeLyser, R. F. German, P. McKenna, M. Kanda, „Comparison of electromagnetic absorber used in anechoic and semi-anechoic chambers for emissions and immunity testing of digital circuits", IEEE Transactions on Electromagnetic Compatibility, Vol. 39, 1997, S. 33-47

[Hu03] P. Hui, „Small Antenna Measurements using a GTEM cell", International Symposium on Antennas and Propagation, Columbus, 22.-27. Juni 2003, Vol. 1, S. 715-718

[Hu94] K. Huang, Y. Liu, „A simple method for calculating electric and magnetic fields in GTEM cell", IEEE Transactions on Electromagnetic Compatibility, Vol. 36, 1994, S. 355-358

[Is01] S. Ishigami, K. Harima, Y. Yamanaka, „Estimation of E-field distribution in a loaded GTEM cell“, International Symposium on EMC, Montreal, 13.-17. Aug. 2001, Vol. 1, S. 129-134

[Jo08] H. Jordan, „Erhöhung der Sensorauflösung bei sphärischen Feldabtastungen mittels inverser Filterung“, Studienarbeit im Institut für Messtechnik , Betreuer: K. Haake, Aug. 2008

[Ka06] K. Kark, „Antennen und Strahlungsfelder : elektromagnetische Wellen auf Leitungen, im Freiraum und ihre Abstrahlung“, Vieweg, Wiesbaden, 2006

[Kä99] J. P. Kärst, H. Garbe, „Characterization of Loaded TEM-Waveguides Using Time-Domain Reflectometry", International Symposium on EMC, Seattle, 6.-9. Aug. 1999, Vol. 1, S. 127-132

[Ki98] S.-h. Kim, J.-y. Nam, H.-g. Jeon, S.-k. Lee, „A Correlation Between the Results of the Radiated Emission Measurements in GTEM and OATS", International Symposium on EMC, Piscataway, 24.-28. Aug. 1998, Vol. 2, S. 1105-1109

[Kl08]* C. Klünder, K. Haake, J.L. ter Haseborg, „Beschreibung der Abstrahlcharakteristiken von handelsüblichen Funksendern im 2,4-GHz-ISM-Band unter Gesichtspunkten der EMV", Internationale Fachmesse und Kongress für Elektromagnetische Verträglichkeit, Düsseldorf, 19.-21. Feb. 2008, VDE Verlag, Berlin, Offenbach, 2008, S. 381-388

[Kn04] A. Knobloch, H. Garbe, „Bestimmung der Kopplungsdämpfung in einer GTEM-Zelle“, Internationale Fachmesse und Kongress für Elektromagnetische Verträglichkeit, Düsseldorf, 10.-12. Feb. 2004, VDE Verlag, Berlin, Offenbach, 2004, S. 601-608

[Kö87] D. Königstein, D. Hansen, „A new family of TEM-cells with enlarged bandwidth and optimized working volume“, EMC Zürich, Zürich, 3.-5. März 1987, S. 127-132

[Ko99] M. Koch, „Analytische Feldberechnung in TEM-Zellen", Dissertation, Shaker Verlag, Aachen, 1999

[Kü05] K. Küpfmüller, W. Mathis, A. Reibiger, „Theoretische Elektrotechnik: Eine Einführung“, Springer-Verlag, Berlin, Heidelberg, New York, 2005

[Le00] M. Leone, „Berechnung des Ein- und Abstrahlungsverhaltens von Leiterplatten mit der Momentenmethode“, Dissertation, VDI-Verlag, Düsseldorf, 2000

[Ma01] K. Malaric, A. Sarolic, V. Roje, J. Bartolic, B. Modlic, „Measured Distribution of Electric Field in GTEM Cell“, International Symposium on EMC, Montreal, 13.-17. Aug. 2001, S. 139-141

[Ma10] T. Mager, C. Reinhold, C. Hedayat, G. Schubert, "Vorstellung eines verbesserten dreidimensionalen Nahfeld-Scanners zur automatischen Störfestigkeits- und Störabstrahlungsuntersuchung im Automotiv-Umfeld", Internationale Fachmesse und Kongress für Elektromagnetische Verträglichkeit, Düsseldorf, 9.-11. März 2010, VDE Verlag, Berlin, Offenbach, 2010, S. 335-340

[Ma92] T. Mader, "Berechnung elektromagnetischer Felderscheinungen in abschnittsweise homogenen Medien mit Oberflächenstromsimulation", Dissertation, Selbstverlag, Hamburg, 1992

[Ma96] J. E. Mark, „Physical Properties of Polymers Handbook”, American Inst. of Physics, New York, 1996

[No97] A. Nothofer, A. Marvin, T. Konefal, „Radiated emission measurements in GTEM cells compared with those of an OATS", EMC Zürich, Zürich, 18.-20. Feb. 1997, Sekt. 59J2

[Pe95] R. Perez, „Handbook of Electromagnetic Compatibility“, Academic Press Inc., San Diego, New York, 1995

[RS02] Betriebsanleitung des ZVCE-Netzwerkanalysators, Rohde & Schwarz, 2002

[Ry98] R. J. Rycroft, „Assessment of field uniformity in a GTEM cell using a novel non-evasive scanning positioning system”, International Symposium on Precision Electromagnetic Measurements, Washington DC, 6.-10. Juli, 1998, S. 638

[Sc84] B. Schiek, „Meßsysteme der Hochfrequenztechnik“, Hüthig Buch Verlag, Heidelberg, 1984

[Sc96] A. J. Schwab, „Elektromagnetische Verträglichkeit“, Springer-Verlag, Berlin, Heidelberg, New York, 1996

[Si73] K. Simonyi, „Theoretische Elektrotechnik“, VEB Deutscher Verlag der Wissenschaften, Berlin, 1973

[St06] T. Stadtler, J. L. ter Haseborg, „Nahfeldscanner im Zeitbereich", Internationale Fachmesse und Kongress für Elektromagnetische Verträglichkeit, Düsseldorf, 7.-9. März 2006, VDE Verlag, Berlin, Offenbach, 2006, S. 253-260

[St89] R. B. Standler, „Protection of Electronic Circuits From Overvoltages”, Wiley and Sons, New York, 1989

[Th06] H. Thye, S. Fisahn, M. Koch, „Applicability of GTEM Cells for Transient Testing", International Symposium on EMC, Portland, 14.-18. Aug. 2006, S. 786-791

[Ti02] U. Tietze, Ch. Schenk, „Halbleiterschaltungstechnik", Springer-Verlag, Berlin, Heidelberg, New York, 2002

[Ub04] A. Ubin, M. Zarar, M. Jenu, „Characterization of electric fields in a GTEM cell", RF and Microwave Conference, Selangor, 5.-6. Okt. 2004, S. 209-214

[Un91] H.-G. Unger, „Elektromagnetische Wellen auf Leitungen", Hüthig Buch Verlag, Heidelberg, 1991

[Wa93] C. Wan, „Conformal Mapping analysis of a modified TEM Cell", IEEE Transactions on Electromagnetic Compatibility, Vol. 35, 1993, S. 109-113

[Wi85] P. F. Wilson, M. T. Ma, „Shielding-effectiveness measurements with a dual TEM cell", IEEE Transactions on Electromagnetic Compatibility, Vol. 27, 1985, S. 137-142

[Wi93] P. F. Wilson, „On Simulating OATS Near-Field Emission Measurements Via GTEM Cell Measurements", International Symposium on EMC, Dallas, 9.-13. Aug. 1993, S. 53-57

[Wi95] P. F. Wilson, „On correlating TEM Cell and OATS Emission Measurements", IEEE Transactions on Electromagnetic Compatibility, Vol. 37, 1995, S. 1-16

[Zi95] O. Zinke, H. Brunswig, „Hochfrequenztechnik 1", Springer-Verlag, Berlin, Heidelberg, New York, 1995